"十四五"普通高等教育本科系列教材

U0662015

核电站安全管理

主　编　冯磊华

副主编　徐慧芳

参　编　田　红　张　巍　尹艳山　杨　锋　阮　敏　胡章茂

主　审　杨　军

中国电力出版社

CHINA ELECTRIC POWER PRESS

内 容 提 要

本书主要内容包括核电站安全概述、核安全管理基础、一回路辅助系统、专设安全设施、核电厂安全分析方法、核电站辐射防护与废物处理、核电站典型事故分析与处理和核安全文化等。

本书可作为普通高等学校本科能源与动力工程专业、核工程与核技术专业教材，也可供高职高专电力技术类专业选用，还可供相关专业师生和工程技术人员参考。

图书在版编目（CIP）数据

核电站安全管理/冯磊华主编 .—北京：中国电力出版社，2022.12
"十四五"普通高等教育本科系列教材
ISBN 978 - 7 - 5198 - 6296 - 1

Ⅰ.①核…　Ⅱ.①冯…　Ⅲ.①核电站－安全管理－高等学校－教材　Ⅳ.①TM623.8

中国版本图书馆 CIP 数据核字（2021）第 254954 号

出版发行：中国电力出版社
地　　址：北京市东城区北京站西街 19 号（邮政编码 100005）
网　　址：http://www.cepp.sgcc.com.cn
责任编辑：李　莉（010 - 63412538）
责任校对：黄　蓓　马　宁
装帧设计：赵姗姗
责任印制：吴　迪

印　　刷：三河市航远印刷有限公司
版　　次：2022 年 12 月第一版
印　　次：2022 年 12 月北京第一次印刷
开　　本：787 毫米×1092 毫米　16 开本
印　　张：10
字　　数：246 千字
定　　价：35.00 元

前　言

　　随着全球对核电安全重要性认识的不断深入，核电站安全管理在核技术与核工程及相关专业人才的培养过程中也越来越受到重视，各类核工程与核技术相关专业相继开设相关课程，因此急需一本合适的教材。

　　本书内容和架构来自主编和课程团队多年的实际教学经验，并吸收了其他院校相关专业教师的授课经验。本书注重基本理论，紧密联系生产实际，主要围绕核安全管理基础、一回路辅助系统、专设安全设施、核电厂安全分析方法、核电站辐射防护与废物处理、核电站典型事故分析与处理和核安全文化等内容进行讲解，着重于核电站安全理论与安全设施的论述。其中核安全管理基础主要讲述核安全管理体系及法规体系；一回路辅助系统主要讲述一回路的化学和容积控制系统、硼和水补给系统及余热排出系统；专设安全设施主要讲述核电站的三大专设安全设施；核电站安全分析方法主要讲述确定论和概率论两种安全分析方法；核电站辐射防护与废物处理主要讲述核电站辐射的防护与控制、核电站放射性废物的处理；核电站典型事故分析与处理主要讲述几类典型事故发生的现象、过程、事故原因分析及处理方法；核安全文化主要讲述核安全文化提出的背景及核安全文化的内涵、特征等内容。

　　本书由长沙理工大学组织编写，冯磊华担任主编，徐慧芳担任副主编，田红、张巍、尹艳山、杨锋、阮敏、胡章茂参编。其中，冯磊华编写了第一、二、六章，徐慧芳编写了第七章，张巍编写了第三章，尹艳山编写了第四章，华自科技股份有限公司杨锋编写了第五章，阮敏、田红、胡章茂共同编写了第八章，冯磊华对全书进行统稿。本书的图片整理由詹毅和王欣然完成。

　　本书由华中科技大学杨军教授担任主审。主审老师对书稿进行了认真仔细的审阅，并提出了很多宝贵的意见，在此表示衷心的感谢。本书在编写过程中也得到了有关单位和专家的大力支持，在此一一表示感谢。

　　由于编者水平有限，书中难免存在疏漏和不足之处，恳请广大读者批评指正。

编　者

2022 年 12 月

目　录

第一章　核电站安全概述

核电具有清洁、低碳、高效、可靠等优点，应用广泛，经过多年发展已相当成熟，但其潜在危险仍应引起足够重视。核电一旦出现较大事故，危害将会巨大且无法逆转。因此，对于核电的建设和使用，要百倍布控、千倍防范、万倍警觉，以防止发生重大事故。

随着科技的进步，核电技术已进入第四代研发和应用阶段。第一代核电技术用于早期原型反应堆，主要目的是验证核电在工程实施上的可行性，如苏联在1954年建成的5MW实验性石墨沸水堆核电站、美国1957年建成的60MW原型压水堆核电站；第二代核电技术是在第一代基础上升级改造，实现了商业化、标准化，包括压水堆、沸水堆和重水堆等；第三代核电技术指满足美国和欧洲用户对"先进轻水堆型要求"的压水堆技术，具有更高的安全性和更高的功率；第四代核电技术是由美国能源部发起，得到多国支持，且在大力研发的新一代核电技术。2021年12月20日，全球首座球床模块式高温气冷堆核电站——山东荣成石岛湾高温气冷堆核电站示范工程送电成功，标志着我国已经成为世界少数几个掌握第四代核电技术的国家之一。

第一节　中国核电发展现状

核能在发电过程中，不产生二氧化硫、氮氧化物和烟尘等空气污染物，二氧化碳的排放量远低于火电，是一种低碳环保的清洁能源。2019年前三季度，核电占我国电力来源比例达到了4.79％，但是与世界平均水平10％相比，我国核电仍有巨大的发展空间。面对节能减排压力，我国大力推进能源结构转型，核电技术日益成熟，不但拥有自主研发的三代技术，还在积极拓展四代技术，为日后行业健康稳定发展提供了坚实有力的技术支持。作为为数不多的可发挥基荷电厂作用的清洁能源，核电在我国未来能源结构中必将占据一席之地。

我国核电的发展经历了探索起步、规划发展、快速发展、暂缓建设和重启五个阶段，具体见表1-1。

表 1-1　　　　　　　　　　　　中国核电发展阶段

阶段	时间	事件
探索起步阶段	1970—1990 年	启动核电站筹备工作
规划发展阶段	1990—2000 年	第一部核电规划出台，并启动了全国范围内的核电厂选址工作
快速发展阶段	2000—2011 年	共有 12 台核电机组并网发电，总装机容量 1034.8 万 kW。开工建设六台机组，总容量 850 万 kW

续表

阶段	时间	事件
暂缓建设阶段	2011—2014 年	2011 年福岛核事故后，暂停审批核电项目。2012 年《核安全与放射性污染防治"十二五"规划及 2020 年远景目标》（简称《核安全规划》）出台后严格审批，核电发展迅速降温。2011—2014 年仅核准 3 台机组
重启阶段	2015 年至今	2015 年破冰，核准 8 台机组；2016—2018 年无新核准核电项目；2019 年 1 月，国家正式核准 4 台百万级千瓦的"华龙一号"机组；截至 2019 年 6 月，山东荣成、福建漳州和广东太平岭三个核电项目核准开工

截至 2021 年 6 月 30 日，我国已投运核电机组 51 台，装机容量 5327.495 万 kW，部分已投运核电机组项目见表 1-2。

表 1-2　　　　　　　　　部分已投运核电机组项目（45 台）

省（区、市）	核电厂名称	机组号	装机容量/万 kW	堆型	开工时间	商运时间	核电设备平均利用率
浙江	秦山核电厂	1 号	31.0	CNP300	1985.3.20	1994.4.1	59.84%
	秦山第二核电厂	1 号	65.0	CNP600	1996.6.2	2002.4.15	88.16%
	秦山第二核电厂	2 号	65.0		1997.3.23	2004.5.3	99.35%
	秦山第二核电厂	3 号	66.0		2006.4.28	2010.10.5	87.99%
	秦山第二核电厂	4 号	66.0		2007.1.28	2012.4.8	88.26%
	秦山第三核电厂	1 号	72.8	CANDU6	1998.6.8	2002.12.31	97.06%
	秦山第三核电厂	2 号	72.8		1998.9.25	2003.7.24	79.44%
	方家山核电厂	1 号	108.9	CNP1000	2008.12.26	2014.12.15	97.54%
	方家山核电厂	2 号	108.9		2009.7.17	2015.2.12	94.19%
	三门核电厂	1 号	125.0	AP1000	2009.4.19	2018.9.21	98.69%
	三门核电厂	2 号	125.0		2009.12.15	2018.11.5	83.97%
广东	大亚湾核电厂	1 号	98.4	M310	1987.8.7	1994.2.1	90.34%
	大亚湾核电	2 号	98.4		1988.4.7	1994.5.7	100.87%
	岭澳核电厂	1 号	99.0	CPR1000	1997.5.15	2002.5.28	84.19%
	岭澳核电厂	2 号	99.0		1997.11.28	2003.1.8	87.61%
	岭澳核电厂	3 号	108.6		2005.12.15	2010.9.15	88.20%
	岭澳核电厂	4 号	108.6		2006.6.15	2011.8.7	91.93%
	阳江核电厂	1 号	108.6		2008.12.16	2014.3.25	86.09%
	阳江核电厂	2 号	108.6		2009.6.4	2015.6.5	99.72%
	阳江核电厂	3 号	108.6		2010.11.15	2016.1.1	88.58%
	阳江核电厂	4 号	108.6		2012.11.17	2017.3.15	73.79%
	阳江核电厂	5 号	108.6	ACPR1000	2013.9.18	2018.7.12	95.05%
	阳江核电厂	6 号	108.6		2013.12.13	2019.6.29	95.99%
	台山核电厂	1 号	175.0	EPR—1750	2009.12.21	2018.12.13	95.02%
	台山核电厂	2 号	175.0		2010.4.15	2019.6.23	99.99%

续表

省(区、市)	核电厂名称	机组号	装机容量/万 kW	堆型	开工时间	商运时间	核电设备平均利用率
山东	海阳核电厂	1号	125.0	AP1000	2009.12.28	2018.10.22	95.37%
	海阳核电厂	2号	125.0		2010.6.21	2019.1.9	96.3%
江苏	田湾核电厂	1号	106.0	AES-91 (VVER-1000)	1999.10.20	2007.5.17	82.29%
	田湾核电厂	2号	106.0		2000.10.20	2007.8.16	89.22%
	田湾核电厂	3号	112.6		2012.12.27	2018.2.15	79.50%
	田湾核电厂	4号	112.6		2013.9.27	2018.12.22	99.05%
	田湾核电厂	5号	111.8	M310+	2015.12.27	2020.8.8	100.00%
	田湾核电厂	6号	111.8		2016.9.7	2021.5.11	99.98%
辽宁	红沿河核电厂	1号	111.9	CPR1000	2007.8.18	2013.6.6	95.96%
	红沿河核电厂	2号	111.9		2008.3.28	2014.5.13	84.05%
	红沿河核电厂	3号	111.9		2009.3.7	2015.8.16	71.13%
	红沿河核电厂	4号	111.9		2009.8.15	2016.9.19	56.57%
	红沿河核电厂	5号	111.9	ACPR1000	2015.3.29	2021.6.25	99.95%
福建	宁德核电厂	1号	108.9	CPR1000	2008.2.18	2013.4.15	84.48%
	宁德核电厂	2号	108.9		2008.11.12	2014.5.4	86.30%
	宁德核电厂	3号	108.9	ACPR1000+	2010.1.8	2015.6.10	89.54%
	宁德核电厂	4号	108.9		2010.9.29	2016.7.21	94.27%
	福清核电厂	1号	108.9	CNP1000	2008.11.21	2014.11.22	84.23%
	福清核电厂	2号	108.9		2009.6.17	2015.10.16	82.17%
	福清核电厂	3号	108.9		2010.12.31	2016.10.24	78.14%
	福清核电厂	4号	108.9		2012.11.17	2017.9.17	75.62%
	福清核电厂	5号	115.0	华龙一号	2015.5.7	2020.11.27	100.00%
海南	昌江核电厂	1号	65.0	CNP650	2010.4.25	2015.12.25	73.46%
	昌江核电厂	2号	65.0		2010.11.20	2016.8.12	62.07%
广西	防城港核电厂	1号	108.6	CPR1000	2010.7.30	2016.1.1	59.04%
	防城港核电厂	2号	108.6		2010.12.28	2016.10.1	74.25%

《中华人民共和国国民经济和社会发展第十四个五年规划和2035年远景目标纲要》对核电发展的定位是"安全稳妥推进核电建设",十四五期间仍将主要推动沿海地区三代核电建设。根据"十四五"规划及中国核能行业协会预测,十四五期间,我国核电年均新增约6GW(5~6台),到2025年,我国在运和在建核电装机容量约为100GW。远期来看,我国核电发展潜力仍然巨大。

我国在运、在建核电站大多位于沿海地区,而其他核电大国的核电站主要分布在内陆。根据世界核协会公布的数据,截至2021年1月1日,全球有32个国家在使用核能发电,共441台在运核电机组,其中位于内陆地区的占50%以上,部分国家的内陆核电机组占比如图1-1所示。我国已完成初步可行性研究审查的内陆储备厂址高达31个,内陆储备厂址见表1-3,保守假设平均每个厂址建设2台机组,每台装机容量100万 kW,则我国内陆核电可开发量约 6200 万 kW。

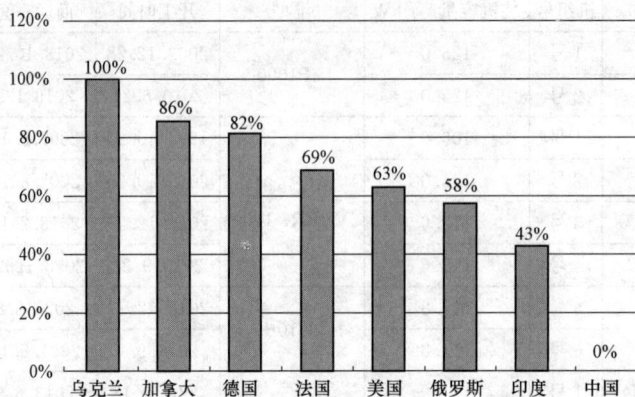

图 1-1　部分国家的内陆核电机组占比

表 1-3	内陆储备厂址	
省（区、市）	厂址	数量
江西	彭泽、瑞金、鹰潭、烟家山、宁都（小堆）、横峰（小堆）	6
湖南	桃花江、小墨山、常德、湘潭	4
湖北	咸宁、广水、钟祥	3
吉林	靖宇、亮甲山、长春	3
四川	南充、宜宾	2
重庆	涪陵、石柱	2
河南	南阳、信阳	2
安徽	吉阳、芜湖	2
甘肃	兰州（小堆）	1
广东	韶关	1
广西	白沙	1
贵州	铜仁	1
黑龙江	佳木斯	1
辽宁	恒仁	1
浙江	龙游	1
合计		31

　　在核电的发展和建设中，我国也积极进行具有自主知识产权的核电机组研发。CAP1400就是在消化、吸收第三代先进核电 AP1000 非能动技术的基础上，通过再创新开发出的具有我国自主知识产权、功率更大的非能动大型先进压水堆核电机组。CAP1400 的概念设计于2010 年底通过国家审查，位于山东省威海市荣成石岛湾的示范电站于 2014 年正式开工，2018 年并网发电。

　　在三代核电主流堆型中，AP1000 技术属于美国西屋公司所有；华龙一号是由中国核工业集团有限公司（简称中核集团）与中国广核集团有限公司（简称中广核集团）自主研发的。CAP1400 虽然是在 AP1000 基础上升级改进的，但已突破 135 万 kW 等级上限，也拥有了自主知识产权。"一带一路"沿线中，有 28 个国家计划发展核电，规划机组 126 台，总规模约 1.5 亿 kW。以三代机组平均造价 1.6 万元/kW 预估，市场总量约 2.4 万亿元。受政治、经济、军事等因素影响，中国核电企业在"一带一路"所占的市场份额很难估算，但不可否认的是，核电"出海"（中国核电技术在海外发展）已成为未来我国核事业发展的重要驱动力。我国主要核电集团积极实施核电"走出去"战略，努力开拓海外市场。例如，中核集团已与阿根廷、英国、埃及等近 20 个国家达成了合作意向。2017 年 5 月，在第一届"一带一路"高峰论坛期间，中核集团与阿根廷核电公司签署了阿查图 3、4 号两台机组的总合同，至此中核集团出口核电机组数量增加至 8 台。中广核集团覆盖范围更广，中广核集团与捷克能源集团签订协议，将在核能领域展开合作；与罗马尼亚国家核电公司签署了切尔纳诺德核电三、四号机组全寿命期框架协议；和法国电力集团将共同投资兴建英国欣克利角核电项目。此外，中广核集团还与合作伙伴一起开拓欧洲、中亚、东南亚核能市场，国家核电技术有限公司与南非核能集团签署了《CAP1400 项目管理合作协议》。

第二节　核安全及核电建设思考

与其他事故相比，核泄漏事故的危害和影响更广、更深、更大、更长、更远，各国应重视核安全。由于核电事故的影响，英国核电停建十多年，美国冻结新建核电 30 年。因福岛核电事故，我国于 2011 年 3 月 16 日缓建十多座核电站，停止审批核电新项目，待《核电安全规划》出台后方复原。

认识安全原理、分析事故规律、掌握安全辩证法、剖析事故因果关系、知晓多重原因论、抑制危险源扩延、预测事故链生成、防范能量逸散、避免误入禁区等，是各国共同研究核电站外围设施（balance of plant，BOP）安全的永恒课题。为了建设更加安全的核岛及相关系统，要深入、细致研究核安全理念，设计更完善、更有效、更值得信赖的核安全设施。

核电装置国应遵守《1997 年维也纳公约》，缔约国要承担和平利用核能所产生的核损害的民事责任。

虽然核电建设和运营是一国之事，但核电事故的危害却无国界，甚至可能会危及全球人类的安定生活和健康生存，核电建设和运营的国家均要高度重视核电安全。

日本福岛第一核电站的四座核反应堆连续出现严重事故，引起加速兴建和计划大发展的中国核电事业的审视、思考、研讨和决策。中国核电建设方针不应改变，但必须加大安全投入，严密审批程序。具体如下：

（1）核电规划、选址、设计、制造、施工、运营等各环节均应严格把关。其中，选址是核电建设的关键问题。从安全角度，核电选址涉及对周边地区居民所造成的影响；从经济角度，核电选址涉及厂址的选址条件；从技术角度，核电选址涉及场地、取水、大件运输等问题。为了确保安全，中国国家核安全局应对所有核电站的设计、制造、施工、调试和运营进行全过程监督。

（2）日本福岛核反应堆是先进沸水堆（advanced boiling water reactor，ABWR），核安全防范有五道防线。但在大地震海啸后，四台核堆停电停水、安全壳内水循环中断、温度失控，出现爆炸、核乏料池辐射物外逸等严重事故。五道防线全被突破，说明核电整体安全存在薄弱环节。我国正建、拟建的大批量大容量二代核电站，应改变设计理念，打破传统套用，加大必要冗余，应有地下安全备份等，国家应制订特殊审定审查程序。

（3）优化核电核乏料处置。有较大辐射能量的核乏料可深埋在千余米的地下处置库或再利用，但核乏料处置库的选址、结构，核乏料包装、屏障及运输通道等的设计尚无统一模式。美国设计的核乏料处置库为主巷道－支巷道型结构，分上、下两层；瑞典设计的核乏料处置库采用竖井－平巷－处置坑型结构；德国和加拿大设计的核乏料处置库与瑞典的基本相同，只是加拿大的容器外包装更为严密。我国也高度重视放射性废物处理处置。2017 年，国务院正式批复《核安全与放射性污染防治"十三五"规划及 2025 远景目标》（简称《规划》）。《规划》明确提出，加快核乏料离堆储存能力建设，建立保障机制，优化运行管理，积极推动大型商用后处理厂选址和建设，缓解核电厂核乏料在堆储存压力。

第三节　核泄漏事故等级及四大屏障

一、核泄漏事故等级

按国际原子能机构制定的《国际核和放射事件分级表》，核泄漏事故共分 7 级。

（1）1 级：异常。超出规定运行范围的异常情况，可能由设备故障、人为差错或规程问题等引起。

（2）2 级：事件，轻微、局部泄漏。安全措施明显失效，但仍具有足够纵深防御，仍能处理进一步发生的问题。

（3）3 级：重大事件，较重泄漏。放射性物质向外泄漏超过规定值，使用照射最多的厂外人员受到十分之几毫西弗量级剂量的照射，无需厂外保护性措施。

（4）4 级：无明显厂外风险的事故。核设施有部分损坏，堆芯部分熔化，和（或）一名或多名工作人员遭受很可能致死的过量辐射。有辐射物外逸，辐射剂量超标，对人构成伤害。

（5）5 级：具有厂外风险的核事故。导致核装置严重损坏，和（或）外泄的放射性物质活度达到一定水平，放射性物质"释放量有限"，可能需要部分执行应急计划对策。核设施损坏面较大，对周围环境造成核辐射污染（如 1979 年美国三哩岛核电事故）。

（6）6 级：重大核泄漏事故。有"相当数量"的放射物外泄。可能需要全面执行应急计划对策，产生严重的健康影响（如 1957 年苏联车里雅宾斯克核废料事故）。

（7）7 级：特大核泄漏事故。涉及放射性物质"大量外泄"。按放射性核素碘 131 换算，放射物质活度达到每小时数万万亿 Bq；可能有急性健康影响；大范围地区有慢性健康影响；有长期的环境后果，对公众健康和环境造成广泛影响（如 1986 年苏联切尔诺贝利核事故和 2011 年日本福岛核电站事故）。

二、核电站四大安全屏障

建设核电站始终坚持"质量第一、安全第一"的原则，世界各国在核电站的设计建造和运行中采用了纵深防御的原则。从设备上和措施上提供了多层次的重叠保护，确保反应堆的功率能得到有效控制，燃料组件得到充分冷却，使放射性物质能有效地包容起来，不发生泄漏。

1. 纵深防御的五道防线

(1) 第一道防线：精心设计，精心施工；确保核电站的设备精良，建立周密的操作程序、严格的管理制度和必要的监督手段；加强对核电站工作人员的教育和培养，使其具备较高的安全文化素养和敏感，做到人人关心安全、人人注意安全，防止发生各种原因的故障。

(2) 第二道防线：加强运行管理和监督，及时正确处理不正常情况，排除故障。

(3) 第三道防线：必要时启用由设计提供的安全系统和保护系统，防止设备故障和人为差错酿成事故。

(4) 第四道防线：启用核电站安全系统，加强事故中的核电站管理，防止事故扩大，保护安全壳厂房。

(5) 第五道防线：万一发生极不可能发生的事故，并且有放射性外泄，启用厂内厂外应急响应计划，努力减轻事故对居民的影响。

2. 四道安全屏障

为了落实纵深防御原则，人们在核裂变产物和环境之间设置了四道非常保险的屏障。实际上只要其中一道屏障是完整有效的，就不会发生放射性物质外泄的事故。

(1) 第一道屏障：燃料芯块。核裂变产生的放射性物质98%以上滞留在二氧化钠陶瓷芯块中，不会释放出来。

(2) 第二道屏障：燃料包壳。核燃料包壳如图1-2所示，燃料芯块密封在锆合金内，防止放射性物质进入一回路水中。

(3) 第三道屏障：压力容器。反应堆压力容器如图1-3所示，由核燃料构成的堆芯封闭在壁厚20cm的钢制压力容器内，压力容器和整个一回路都是耐高压的，放射性物质不会泄漏到反应堆厂房。

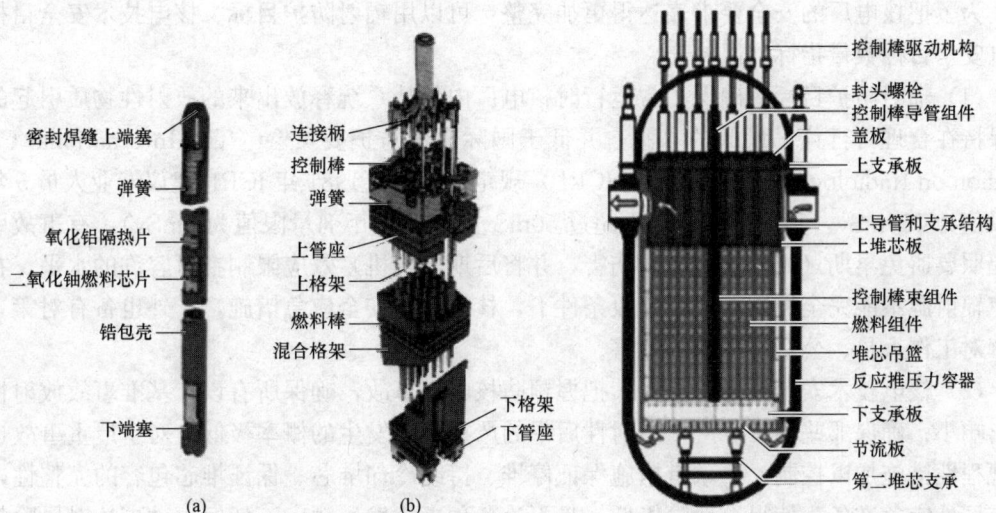

图1-2　核燃料包壳
(a) 燃料棒；(b) 核燃料组件

图1-3　反应堆压力容器

(4) 第四道屏障：安全壳。反应堆厂房是一个高大的钢筋混凝土构筑物，壁厚近1m，内部表面加有厚6mm的钢衬，防止放射性物质进入环境。

有了前面的互相依赖、互相支持的五道防线，再加上四道屏障，核电站是非常安全的。

通常所说的核电站三大安全屏障是燃料包壳、压力容器和安全壳，核电站三大屏障如图 1-4 所示。

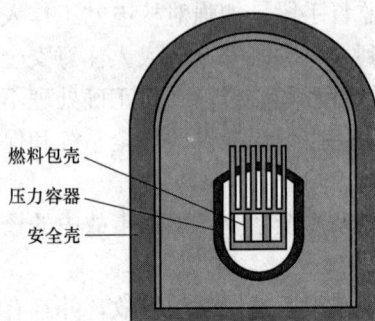

燃料包壳
压力容器
安全壳

图 1-4 核电站三大屏障

第四节 核电厂安全总目标

核电厂的安全总目标是在核电厂里建立并维持一套有效的防护措施，以保证工作人员、公众和环境免遭过度的放射性风险。这里的风险是指事件的频率与其所产生的危害的乘积，放射性危害是指辐射对核电厂工作人员和公众健康的不利影响，以及对土壤、空气、水或食物的放射性污染。这里所说的免遭过度风险是指要求核电厂产生的风险水平不超过与它相竞争的其他能源产生的风险水平。核电厂也具有任何工业都会造成的比较普遍的危害，但从核电安全总目标可以看出，核电厂着重考虑的是它最突出的问题——辐射安全。

为了把核电厂的安全要求表达得更加完整，可以用辐射防护目标、核电技术安全目标及核电安全目标数量指标加以补充。

(1) 辐射防护目标。确保正常运行时核电厂内外从系统释放出来的放射性物质引起的辐照保持在合理可行且尽量低的水平，并低于国际辐照防护委员会（The International Commission on Radiological Protection，ICRP）规定的限值（1981 年 ICRP 建议专业人员 5 年剂量限值为 100mSv，其中任何一年不超过 50mSv，居民每年剂量限值为 1mSv）。有事故引起的辐照要避免早期（非随机效应）伤害，并将后期（随机）效应限制在可容许的水平。在可能使辐射源不能完全控制的任何事故条件下，核电厂有安全应急措施，厂外也备有对策，以缓解对工作人员、公众及环境的危害。

(2) 核电技术安全目标。有很大把握预防核电厂事故，确保所有设计基准事故放射性后果影响小；确保那些会带来严重放射性后果的严重事故发生的概率极低；对于严重事故也要有规程性措施加以控制，要求有措施保证停堆、持续冷却堆芯、保证堆芯包容的完整性，以及有厂外应急准备，使得总风险极低，且不论各种事故发生频率，任何一种事故对风险的贡献不能过大。

(3) 核电安全目标数量指标。按照纵深防御原则贯彻了事故预防和事故缓解对策的核电厂，发生严重堆芯熔化事故的概率应低于 10^{-4} 次/（堆·年），但这一指标仍不满足相关要求。国际原子能机构的国际核安全咨询组（International Nuclear Safety Advisory Group，INSAG）提出应达到更先进的指标，堆芯熔化事故概率不超过 10^{-5} 次/（堆·年）。安全目标数量指标是衡量安全程度的一个尺度，可以评价核电厂符合安全的程度，明确改进方向。

第五节　核电四代堆型分类

（1）第一代：早期原型堆上进行热能转换发电。

（2）第二代：标准化商用堆。已有 50 多年历史，是全球核电机组的主力，如国外研制的压水堆、沸水堆、轻水堆 WWER/AER、CANDU 堆型，以及中国自主产权的 CPR1000、ACP1000 等堆型。

压水堆核电厂因其功率密度高、结构紧凑、安全易控、技术成熟、造价和发电成本较低等特点，成为国际上最广泛采用的商用核电堆型，占轻水堆核电机组总数的 3/4。截至 2021 年 1 月 1 日，全球有 32 个国家和地区拥有运行核电机组 441 台。全世界已经积累了 13000 多堆年的核电运行经验。我国已掌握了现在普遍采用的压水堆二代改进技术。

（3）第三代：先进轻水堆（advanced light water reactor，ALWR）、先进沸水堆（AB-WR）、先进压水堆（advanced pressurized water reactor，APWR）、改进型压水堆（european pressurised reactor，EPR）、System80＋、AP600、AP1000、HPR1000 及 APR1400。

在第三代核电发展中，世界出现以下两种走向：①欧洲型：法、德合作开发的 EPR，其立足于成熟技术逐渐演进，以加大堆芯安全裕度，增加能动安全系统，增强严重事故预防，强化缓解能力，提供数字化、信息化、模块化，加大机组容量规模效应，将其称为改良型。②美洲型：美国西屋公司研发的以非能动安全系统、简化设计、简约布置、模块化建造为主要特色的 AP1000，采用加压气体、重力流、自然循环流和对流等自然驱动力，无需运行人员操作，安全支持系统就能保证安全运行，赢得 72h 特别处置时间，因其融入新概念而称为革新型。我国三门核电厂 1 号机组已成为 AP1000 的世界首堆工程。

（4）第四代：规划包括超临界水堆在内的 6 种堆型。技术更先进、更安全可靠、裂变转聚变；燃料利用率高，实现由 1% 到 90% 的飞跃，大大减少核乏料数量及处置。我国已加入研发行列，并安排了超临界水堆关键科研课题的基础研究项目。

在上述四代核电技术中，第三代非能动技术是大力推广的核电技术。我国田湾核电站和法、德设计的 EPR 采用双层安全壳；美国西屋公司的 AP1000 则采用全新设计的非能动冷却安全壳及其辅助系统。

第六节　非能动安全技术

非能动系统只利用自然力，如重力、自然循环和压缩气体等简单物理学原理，不需要泵、风机、柴油机、冷却器或者其他旋转机械设备，也不需要安全交流电源。当一些简单的阀门自动开启后，它们将非能动安全系统连成一体，这些阀门在自动启动失败后，还可以由电厂操纵员来手工启动。

AP1000 是西屋电气公司以 AP600 为基础，改进研发的非能动先进压水堆，2004 年 9 月正式发布最终安全评估报告。非能动安全技术作为先进压水堆核电站的主要特点受到了重视，欧洲的 EPP1000、日本的 SPWR、俄罗斯的 WWER1000 等都应用了非能动安全系统。

除此以外，现役核电站中也采用了非能动安全技术，比如中压安全注射箱等。我国于 2009 年正式动工，分别在三门、海阳、台山、田湾和阳江五处建设了 AP1000 机组，缘于这一次对 AP1000 堆型的使用，非能动安全技术在国内也受到了广泛关注。

AP1000 与常规压水堆堆型最大的不同在于其专设的非能动安全系统，这些系统依靠自然的物理规律，凭借如重力、自然循环流和对流等自然力来达到保证核电站安全的目的，从根本上解决了动力来源不稳定或动力暂时无法提供等问题。除此以外，非能动安全系统省去了一定数量的泵、风机等能动设备，大大减少了管道间的支撑，使得简化后的系统提高了材料的可靠度，也减小了后期的维护检修难度。非能动安全系统在保证核电站安全性的同时，提高了其经济性，也正是基于这一设计理念，西屋电气公司选择在 AP1000 中采用非能动安全系统，也为核电提供了一个既保证核电站安全性又提高经济性的发展方向。AP1000 具体介绍如下：

(1) AP1000 的电厂主要参数。设计寿命 60 年，电厂利用率 93%，输出电功率 1117MW，核蒸汽供应系统功率 3415MW，电厂效率 32.7%，抗震设计水平 0.3g（地震震动的峰值加速度，可抵御地震烈度 8~9 度的影响），换料周期 18 个月。

核蒸汽供应系统参数：额定蒸汽流量 1888.7kg/s，蒸汽压力 5.61MPa，蒸汽温度 271℃，给水温度 226.7℃；蒸汽发生器△125 型的一次侧设计压力 17.13MPa、二次侧设计压力 8.17MPa；反应堆冷却剂系统（reactor coolant system，RCS）稳定运行工况，冷却剂压力 15.5MPa；一次侧设计温度 343.3℃、二次侧设计温度 315.6℃。

(2) 确保核电厂安全的三项基本功能。即有效控制反应堆、排除堆芯衰变热、包容放射性物质和控制事故释放。

(3) 非能动安全系统理念。出现单一基准事故，在没有操作员动作、没有厂内外交流电源的条件下，自动建立和长期维持堆芯冷却和安全壳的完整性。即不靠能动部件（继电器、动力阀门、水泵、风机等），而靠非能动部件（容器、热交换器、泵壳、阀体、管道等）内介质流动，由重力、自然对流、自然循环、储能等驱动实现核电厂安全功能。

(4) 系统组成。非能动安全系统主要包括非能动堆芯冷却系统、非能动余热排除系统、非能动安全注射系统、反应堆冷却剂系统的自动泄压系统、非能动安全壳冷却系统、主控室应急可居留系统、安全壳隔离系统、安全壳氢气控制系统、非能动裂变产物泄漏控制系统等。

思 考 题

1. 核泄漏事故一共可以分成多少级？每级有什么特点？
2. 核电站的四大安全屏障分别指的是什么？
3. 什么是核电厂安全总目标？
4. 压水堆核电站有什么优点？
5. 按照相关规定，核电厂应该设置哪几道安全屏障？
6. 核反应堆第一道安全屏障由哪些部件构成？
7. 核反应堆第二道安全屏障由哪些部件构成？
8. 核反应堆第三道安全屏障由哪些部件构成？
9. 如何保证安全壳的完整性？
10. 核电厂一般设置哪几级防御？

第二章 核安全管理基础

第一节 核安全管理体系

一、核安全管理

核安全管理制度体系如图 2-1 所示。

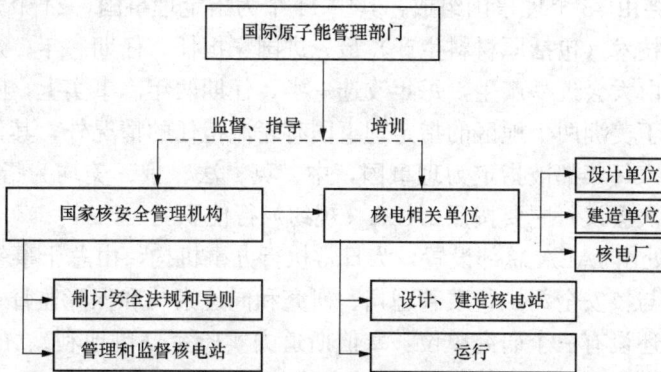

图 2-1 核安全管理制度体系

核安全管理制度的基本思想：

（1）以法律加以管制，由法定机构代表政府颁布和实施，并进行审查和监督。

（2）制订设计原则与安全要求。

（3）制订设计基准事故及其验收准则。

（4）许可证申请单位必须有安全分析报告，并承诺、证明设计或建成的核电站能满足所有原则与安全要求；设计基准事故下能保证公众与环境的安全。

二、国际核安全管理部门

1. 国际原子能机构

国际原子能机构（International Atomic Energy Agency，IAEA）成立于 1957 年 7 月 29 日，总部设在奥地利维也纳，至 2012 年共有 153 个成员国。IAEA 不是联合国的专门机构，但该机构与联合国订有关系协议，同联合国大会（简称联大）、联合国经济及社会理事会（简称经社理事会）和联合国安全理事会（简称安理会）有直接联系。IAEA 尊重《联合国宪章》，执行联大决议，每年向联大提交工作报告，必要时，向安理会报告。IAEA 是隶属联合国系统的一个独立的政府间组织，为联合国系统内核科学技术的专门机构，是唯一的推动核能和平利用的政府间国际组织。

IAEA 的宗旨如下：

（1）《国际原子能机构规约》（简称《规约》）规定，该机构有两大目标，即"谋求加速和扩大原子能对全世界和平、健康及繁荣的贡献""尽其所能，确保由其本身、或经其请求、或在其监督或管制下提供的援助不致用于推进任何军事目的"。

（2）联合国赋予的职责：保障与核查、安全与保安、科学与技术。

（3）IAEA 的活动分为促进核能和平利用、实施保障监督两部分。

IAEA 的组织形式分为大会、理事会和秘书处。任何国家不论是否为联合国的会员国或联合国专门机构的成员国，只要经理事会推荐并由大会批准入会后，交存对原子能机构规约的接受书，即可成为该机构的成员国。

IAEA 的大会由全体成员国组成，每年召开一次，一般在 9 月，为期一周，必要时可以举行特别会议。IAEA 大会的结构主要包括全体委员会和总务委员会，其职能主要包括选举理事会理事国，核准加入申请，审议理事会提出的年度报告、预算和决算，向联合国提交报告，核准总干事的任命，就理事会提交大会的事项做出决定等。

IAEA 的理事会由 35 个理事国组成，其中 11 个为指定理事国，24 个为选举理事国。指定理事国由世界核技术（包括原材料生产）最先进国家担任，任期一年；选举理事国则按地区平衡分配的原则由大会选举产生，每年改选一半，任期两年。事实上，除了西欧（不包括英、德、法）和拉丁美洲两个地区的指定理事国有轮流担任的情况外，其他指定理事国是常任的，因为这些国家每年都被指定为理事国，中、英、法、俄、美均为指定理事国。IAEA 理事会每年举行 5 次会议，主要按照 IAEA《规约》行使职能。

IAEA 的秘书处由 IAEA 总部设置，为日常执行办事机构，由总干事领导，下设技术援助及合作司、核能与核安全司、行政管理司、研究和同位素司和保障监督司，分别由五个副总干事领导。此外还设有三个研究单位：塞伯斯道夫实验室（奥地利）、的里雅斯特国际理论物理研究中心（意大利）、国际海洋放射性实验室（摩纳哥）。IAEA 秘书处的总干事受理事会管辖，由理事会任命、大会批准，任期四年。

1991 年，安理会通过《联合国安理会第 687 号决议》，机构接受安理会的委托参与销毁伊拉克大规模毁灭性武器（核武器部分）的核查活动，为执行该决议做了大量工作。其主要活动有：

（1）向成员国提供技术援助，帮助其开展和平利用核能的研究和应用。

（2）与有关国家和国际组织订立保障监督协定，对由机构本身或经其介绍提供的技术援助项目、对成员国或其他国际组织和根据核不扩散义务（《不扩散核武器条约》《特拉特洛尔科条约》《南太平洋无核区条约》等防止核扩散条约规定的义务）委托监督的项目实施保障监督，以确保这些项目不用于任何军事目的。

（3）组织研究和制订有关核能利用的安全条例，并向世界各国推荐使用。

（4）与有关成员国或专门国际机构签订科学研究合同。

（5）召集各种科技会议，通过建立情报网、图书馆和出版书刊等方式组织关于原子能和平利用的资料交流。

经过历时四年艰苦的谈判，1997 年 5 月，机构特别理事会完成了关于加强保障监督机制措施的"93＋2"计划，通过了《各国和国际原子能机构关于实施保障协定的附加议定书范本》。这标志着机构的保障监督能力和范围从仅核查各国申报的核活动扩大到可探察无核武器国家的秘密核设施和核活动。

1997 年 9 月，机构缔结了《乏燃料管理安全和放射性废物管理安全联合公约》《修订〈关于核损害民事责任的维也纳公约〉议定书》《补充基金来源公约》等。

2. 国际经济合作与发展组织/核能机构

国际经济合作与发展组织/核能机构（Organization for Economic Cooperation and Development/ Nuclear Energy Agency，OECD/NEA）是一个从事经济和社会发展政策研究的政府间国际经济组织。截至 2020 年 5 月 15 日，OECD 已有 38 个成员国、70 多个非成员国家和地区，其下设 7 个专业委员会，包括核设施安全委员会（Committee on the Safety of Nuclear Installations，CSNI）、核监管活动委员会（Committee on Nuclear Regulatory Activities，CNRA）、放射性废物管理委员会（Radioactive Waste Management Committee，RWMC）、辐射防护和公众健康委员会（Committee on Radiation Protection on Public Health，CRPPH）、核科学委员会（Nuclear Science Committee，NSC）、核能发展与核燃料循环技术经济研究委员会（Committee for Technical and Economic Studies on Nuclear Energy Development and the Fuel Cycle，NDC）和核法律委员会（Nuclear Law Committee，NLC）。据统计，在全世界核能发电量中，OECD 国家占 80%。

OECD 的前身是 1948 年 4 月成立的欧洲经济合作组织，其于 1961 年在法国巴黎正式宣告成立。OECD 的工作重点始终放在加强其成员国内部之间的政策协调上。进入 20 世纪 90 年代，该组织改变了传统的工作方法，开始积极地发展同非成员国，特别是一些"富有活力的非成员经济体"的关系，目的在于透过对话与合作，谋求在世界经济发展中发挥更大的作用。非成员国和地区中，中国、俄罗斯、巴西、印度和印度尼西亚被称为"五大国"，是 OECD 对话合作的重点对象。

OECD 核能机构的主要职能包括建立国际研究和发展计划；交换科学和技术经验与情报；与 IAEA 合作，对世界铀资源、生产、需求、核燃料循环的经济和技术问题，进行持续不断的核查。OECD 主要活动包括核能的合作研究、经验情报交流、核废料循环处理、核事故报告反馈、核数据库的建立等。

核设施安全委员会（CSNI）的成立是为了协助各成员国持续发展科技基础实力，以评估核反应堆燃料循环设施的安全性。CSNI 由各国核安全监管部门或技术研发部门的代表和承担安全技术及科研项目的资深科学家及工程师组成，所从事的领域包括核事故应急响应、核设施的风险评估、核设备监督检查等。CSNI 还具体参加重点研究项目，包括包壳燃料完整性、福岛核事故基准案例分析、先进热工水力试验回路事故模拟、源项评估与降低灾害等项目。

3. 世界核电运营者协会

世界核电运营者协会（World Association of Nuclear Operators，WANO）制订了国际上通用的性能指标，对其成员进行统一管理和协调，有利于加强核电技术、经验和事故情报的交流，从而不断提高世界核电站的安全可靠性。截至 2021 年底，WANO 已成功运作 32 年，为核电站的安全可靠运行作出了很大贡献。根据 WANO 指标的实际应用情况和积累的经验反馈，WANO 决定更新最初制定的指标体系，从而进一步提高核电站的安全可靠性。为促进 WANO 内部信息的自由交流，每个会员只有在得到信息提供国授权的情况下才能向 WANO 以外发布。

WANO 是一个将核安全和卓越的运行业绩作为首要目标的非营利性、非政府组织，其非官方性是其与国际原子能机构（IAEA）的重要区别。

WANO 的使命是通过相互协助、信息交流和良好实践推广等活动来评估、比较和改进核电厂的业绩，并最终提高全球核电站的安全性和可靠性。

WANO 理事会制定了长期目标，即加强 WANO 的运行经验计划，使其成为 WANO 会员之间运行经验信息和服务的主要来源；作为提高核安全性和可靠性的有效手段，促进和发展 WANO 同行审议计划；制订和管理 WANO 业绩指标，使核电厂能够确定有意义的目标和衡量进展；发展分享最佳实践的手段和为会员解决已知业绩问题提供帮助；支持核电厂工作人员的专业和技术发展；提高 WANO 内部的联系能力，以加强核电厂之间关于安全性和可靠性的信息交流；加强每个地区实现上述目标的能力和资源。

三、中国核能和核安全管理部门

我国的核能和核安全管理部门主要包括中华人民共和国生态环境部、中国广核集团有限公司（China General Nuclear Power Group，CGN）、国家电力投资集团有限公司（State Power Investment Corporation，SPIC）、中国核工业集团公司（China National Nuclear Corporation，CNNC）、国家原子能机构（China Atomic Energy Authority，CAEA）、国家能源局、国防科工局等。其中，CGN、SPIC 与 CNNC 为中国核电三大集团。

1. 中国广核集团有限公司（CGN）

中国广核集团有限公司原名为中国广东核电集团有限公司，是由国务院国资委监管的大型清洁能源企业。根据战略规划，到 2020 年 CGN 清洁能源电力装机容量将达到 9000 万 kW，年上网电量达到 4200 亿 kWh，折标准煤 1.3 亿 t，约占国家 2020 年一次能源消费的 3%，占非化石能源消费的 20%，年等效减排二氧化碳 3.2 亿 t。

CGN 建立了与国际接轨的核电生产、工程建设、技术研发、核燃料供应保障体系，拥有风电、水电、太阳能发电等可再生能源开发体系和节能技术体系，是我国核电发展的主力军、可再生能源发展的排头兵和节能减排、核技术应用产业发展的重要力量，具备在确保安全的基础上面向全国、跨地区、多基地同时建设和运营管理多个核电、风电、水电、太阳能发电及其他清洁能源项目的能力。

2. 国家电力投资集团有限公司（SPIC）

国家电力投资集团有限公司（SPIC）成立于 2015 年 5 月 29 日，由中国电力投资集团公司与国家核电技术有限公司合并重组而成。SPIC 注册资本金 450 亿元，资产总额 7223 亿元，是五大发电集团中唯一拥有核电控股投资运行资质，也是全国唯一同时拥有水电、火电、核电、新能源资产的综合能源企业集团。

作为我国三大核电开发建设运营商之一，SPIC 拥有辽宁红沿河、山东海阳、山东荣成等多座在运或在建核电站，以及一批沿海和内陆厂址资源，是实施三代核电自主化的主体、载体和平台，以及大型先进压水堆国家科技重大专项的牵头实施单位，肩负着国家三代核电自主化、产业化、国际化的光荣使命，具备核电研发设计、工程建设、相关设备材料制造和运营管理的完整产业链和强大技术实力。

3. 中国核工业集团有限公司（CNNC）

中国核工业集团有限公司（CNNC）是由国家出资设立，经国务院批准组建、中央直接管理的国有重要骨干企业。1999 年 7 月 1 日，在国家原五大行政性军工总公司基础上重组十大军工集团，成立 CNNC。2018 年 1 月 31 日，经国务院批准，中国核工业集团有限公司与中国核工业建设集团有限公司实施重组，中国核工业建设集团有限公司整体无偿划转进入中国核工业集团有限公司，不再作为国资委直接监管企业。

CNNC 主要从事核军工、核电、核燃料循环、核技术应用、核环保工程等领域的科研开发、建设和生产经营，以及对外经济合作和进出口业务，是国内投运核电和在建核电的主要投资方、核电技术开发主体、最重要的核电设计及工程总承包商、核电运行技术服务商和核电站出口商，是国内核燃料循环专营供应商、核环保工程的专业力量和核技术应用的骨干。

4. 国家原子能机构（CAEA）

国家原子能机构（CAEA）是中国政府核工业主管部门，负责核领域政府间及与国际组织的交流与合作，并牵头负责国家核事故的应急管理工作。其主要职责包括：

（1）负责核领域政府间及与国际组织的交流与合作，并牵头负责国家核事故的应急管理工作。

（2）负责研究、拟定中国和平利用核能事业的政策和法规。

（3）负责研究、制定中国和平利用核能事业的发展规划、计划和行业标准。

（4）负责中国和平利用核能（除核电外）相关项目的论证、审批、监督、协调项目的实施。

（5）负责核安保与核材料管制。

（6）负责核进出口审查和管理。

（7）负责核领域政府间及与国际组织的交流与合作，代表中国政府参与国际原子能机构事务。

（8）承担国家核事故应急管理办公室的日常工作，负责研究制定国家核事故应急预案并组织实施。

（9）负责核设施退役及放射性废物管理。

5. 国家能源局

国家能源局成立于 2008 年，国家能源局与核电相关的主要职责为负责核电管理，拟订核电发展规划、准入条件、技术标准并组织实施，提出核电布局和重大项目审核意见，组织协调和指导核电科研工作，组织核电厂的核事故应急管理工作。

2018 年 8 月，国务院办公厅印发了《关于加强核电标准化工作的指导意见》（简称《意见》），部署进一步加强我国核电标准化工作。《意见》明确指出，到 2019 年，形成自主统一的、与我国核电发展水平相适应的核电标准体系；到 2022 年，国内自主核电项目采用自主核电标准的比例大幅提高，我国核电标准的国际影响力和认可度显著提升；到 2027 年，跻身核电标准化强国前列，在国际核电标准化领域发挥引领作用。

四、中国的核工业体系

核工业是从事核燃料研究、生产、加工，核能开发、利用，核武器研制、生产的工业，是军民结合型工业。主要产品有核原料、核燃料、核动力装置、核武器（包括原子弹、氢弹和中子弹）、核电力等。

核工业体系主要包括核燃料的生产与加工（如天然铀、浓缩铀和钍燃料等）及氘、氚、锂－6 热核材料的生产与加工；研究试验堆、生产堆及动力堆的建造；辐照燃料的后处理（钚－239 及裂变产物、超铀元素的提取）；核武器的研究与制造等。为此，需要建造一系列的工厂，如核武器制造厂、矿石加工厂、精制转换厂、同位素分离工厂、燃料元件加工厂、后处理厂和放射性废物处理和处置设施等。中国核工业体系如图 2-2 所示。

地质勘探

铀矿开采与选冶 → 铀转换 → 铀浓缩 → 元件制造

放射性废物管理

乏燃料管理 ← 核电站

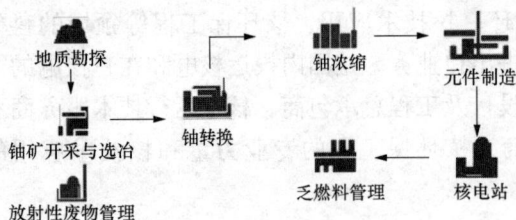

图 2-2　中国核工业体系

核工业作为国家安全重要基石，正处在最好的战略发展机遇期，也迎来了发展的新时代。构建中国特色的先进核工业体系，实现核大国向核强国转变是核工业新时代的历史责任与使命。我国核工业进入了全面布局发展的关键时期，核工业全产业链及"走出去"取得的成绩有目共睹。以"华龙一号"开工建设和 CAP1400、实验快堆、高温气冷堆成功研发为标志，我国成为继美国、法国、俄罗斯等核强国后又一个拥有独立自主三代核电技术和全产业链的国家。新一代铀浓缩离心机大型商用示范工程全面建成，使"中国制造"核品牌影响力不断提升。此外，中法合作核燃料循环项目等稳步推进。

第二节　核安全法规体系

核安全法规是指国家政府和其主管核能安全的职能机构以确保核安全为目的所颁布的一系列法令、条例、规定或准则。

一、核安全法规文件体系

截至 2017 年 9 月，我国核安全法规体系包括 2 部法律和如下四个层次的核安全法规文件体系：①第一层次：由国务院发布的行政法规，共 7 部；②第二层次：由国家核安全局及相关部门发布的部门规章，共 27 部；③第三层次：由国家核安全局发布的核安全导则，共约 89 部；④第四层次：由国家核安全局发布的技术文件，近百个。其中，法律和第一、第二层次的文件通称为核安全法规。

二、中华人民共和国核安全法规

1995 年国家核安全局出版《核安全法规汇编》，1998 年国家核安全局对 1995 年出版的《核安全法规汇编》进行了补充和修订，并重新进行了编号。截至 2019 年 6 月，中国核安全法规体系包括 2 部法律、9 部行政法规、30 多部部门规章及 100 多部导则。根据核与辐射安全监督管理工作的适用范围，核安全法规分成了 10 个法规子系列：①HAF 0xx/yy/zz——通用系列；②HAF 1xx/yy/zz——核动力厂系列；③HAF 2xx/yy/zz——研究堆系列；④HAF 3xx/yy/zz——核燃料循环设施系列；⑤HAF 4xx/yy/zz——放射性废物管理系列；⑥HAF 5xx/yy/zz——核材料管制系列；⑦HAF 6xx/yy/zz——民用核承压设备监督管理系列；⑧HAF 7xx/yy/zz——放射性物质运输管理系列；⑨HAF 8xx/yy/zz——同位素和射线装置监督管理系列；⑩HAF 9xx/yy/zz——辐射环境系列。

1. 国家法律

国家法律由全国人民代表大会和全国人民代表大会常务委员会制定，具有高于行政法规和部门规章的效力。现有适用于核安全领域的相关国家法律主要有：

(1)《中华人民共和国宪法》(1982 年 12 月 4 日，第五届全国人民代表大会第五次会议通过，历经 1988 年、1993 年、1999 年、2004 年、2018 年五次修订)，是国家的根本法，具有最高的法律效力。

(2)《中华人民共和国环境保护法》(1989 年 12 月 26 日，第七届全国人民代表大会常务委员会第十一次会议通过，2014 年 4 月 24 日，第十二届全国人民代表大会常务委员会第八次会议修订），是为保护和改善生活环境与生态环境，防治污染和其他公害，保障人体健康、促进社会发展而制定的专门法律。

（3）《中华人民共和国放射性污染防治法》（2003 年 6 月 28 日，第十届全国人民代表大会常务委员会第三次会议通过），是为了防治放射性污染，保护环境，保障人体健康，促进核能、核技术的开发与和平利用而制定的专项法律。

（4）《中华人民共和国核安全法》（2017 年 9 月 1 日，中华人民共和国第十二届全国人民代表大会常务委员会第二十九次会议通过，并于 2018 年 1 月 1 日开始施行），是为了保障核安全，预防与应对核事故，安全利用核能，保护公众和从业人员的安全与健康，保护生态环境，促进经济社会可持续发展而制定的法律。

2. 国务院行政法规

国务院发布的行政法规是规定管理范围、管理机构及其职权、监督管理原则及程序等重大问题的规章，具有法律约束力。我国现行的核安全管理条例主要有：

（1）《中华人民共和国民用核设施安全监督管理条例》（1986 年 10 月 29 日国务院发布），是为了在民用核设施的建造和营运中保证安全，保障工作人员和群众的健康，保护环境，促进核能事业的顺利发展而制定的条例。

（2）《中华人民共和国核材料管制条例》（1987 年 6 月 15 日国务院发布），是为保证核材料的安全与合法利用，防止被盗、破坏、丢失、非法转让和非法使用，保护国家和人民群众的安全，促进核能事业的发展而制定的条例。

（3）《核电厂核事故应急管理条例》（1993 年 8 月 4 日国务院发布），是为了加强核电厂核事故应急管理工作，控制和减少核事故危害而制定的条例。

（4）《放射性同位素与射线装置安全和防护条例》（2005 年 8 月 31 日国务院发布），是为加强对放射性同位素与射线装置安全和防护的监督管理，保障从事放射工作的人员和公众的健康与安全，保护环境，促进放射性同位素和射线技术的应用与发展而制定的条例。

3. 部门规章

部门规章主要包括实施细则、核安全规定。实施细则是根据核安全管理条例，规定具体实施办法的规章，是由国家有关部门发布的规章，具有法律约束力。现有一些主要实施细则及其附件如下：

（1）《中华人民共和国民用核设施安全监督管理条例实施细则之一　核电厂安全许可证件的申请和颁发》（1993 年 12 月 31 日国家核安全局发布）。

（2）《中华人民共和国民用核设施安全监督管理条例实施细则之一》附件一 HAF001/01/01　核电厂操纵人员执照的颁发和管理程序（1993 年 12 月 31 日国家核安全局发布）。

（3）《中华人民共和国民用核设施安全监督管理条例实施细则之二　核设施的安全监督》（1995 年 6 月 14 日国家核安全局发布）。

（4）《中华人民共和国民用核设施安全监督管理条例实施细则之二》附件一 HAF001/02/01　核电厂营运单位的报告制度（1995 年 6 月 14 日国家核安全局发布）。

（5）《中华人民共和国民用核设施安全监督管理条例实施细则之二》附件二 HAF001/02/02　研究堆营运单位报告制度（1995 年 6 月 14 国家核安全局发布）。

（6）《中华人民共和国民用核设施安全监督管理条例实施细则之二》附件三 HAF001/

02/03 核燃料循环设施的报告制度（1995年6月14国家核安全局发布）。

（7）《中华人民共和国民用核设施安全监督管理条例实施细则之三 研究堆安全许可证件的申请和颁发规定》（2006年1月28日，国家核安全局发布）。

（8）《中华人民共和国核材料管制条例实施细则》（1990年9月25日，国家核安全局、能源部、国防科学技术工业委员会发布）。

（9）《核电厂核事故应急管理条例实施细则之一 核电厂营运单位的应急准备和应急响应》（1998年5月12日国家核安全局发布）。

三、核安全导则和技术文件

核安全导则是由国家核安全局制定并发布，属于推荐性文件。如 HAD101-01《核电厂厂址选择中的地震问题》、HAD101-02《核电厂厂址选择的大气弥散问题》、HAD101-03《核电厂厂址选择及评价的人口分布问题》、HAD101-04《核电厂厂址选择的外部人为事件》、HAD101-07《核电厂厂址查勘》、HAD102-01《核电厂设计总的安全原则》、HAD102-06《核电厂反应堆安全壳系统的设计》、HAD102-07《核电厂堆芯的安全设计》、HAD102-12《核电厂辐射防护设计》、HAD103-03《核电厂堆芯和燃料管理》、HAD103-04《核电厂运行期间的辐射防护》等。

核安全技术文件是由国家核安全局制定并发布，作为技术参考，分为国家标准和行业标准。国家标准有 GB/T 17680.1—2008《核电厂应急计划与准备准则应急计划区的划分》、GB/T 17680.2—1999《核电厂应急计划与准备准则场外应急职能与组织》、GB/T 17680.3—1999《核电厂应急计划与准备准则场外应急设施功能与特性》、GB/T 17680.4—1999《核电厂应急计划与准备准则场外应急计划与执行程序》等；行业标准有 EJ/T 879—1994《核电厂营运单位应急响应职能与组织机构准则》、EJ/T 880—1994《核电厂营运单位应急计划与执行程序准则》、EJ/T 881—1994《核电厂营运单位应急设施的功能和特性准则》、EJ/T 512—2000《辐射事故应急医学处理设施和设备的规定》等。

第三节 核安全环境管理

核电站在施工过程中需要制订详细的环境管理方案和措施，以杜绝安全事故和环境破坏情况的发生。

一、施工前的环境保护措施

随着人员、施工机械和材料进场，开始进行施工期间的临时设施布置，在规划和建设期应着重注意以下几点。

（1）临时建设设施统一规划并经监理单位批准后方可施工，做到房屋建筑布局整齐、整洁、合理，采用建筑材料统一。水、电、气供给线路布置整齐，尽可能不损害临时建设设施区内的树木和房屋边缘的植被等，临时建设设施区内应进行花木或草坪绿化，且应保证供电设计线路走线整齐、安全标志齐全，供水线路架设统一整齐，力求无一渗漏。所有敷设的管闸阀处都设有醒目的"节约用水"标志，生产和生活污水都应进行无害化处理（即厌氧消化技术），做到"三个统一"，即污水统一集中、统一无害化处理、统一排放。

（2）加强进场人员环境保护意识，杜绝人为地对环境造成伤害和损失。对生活垃圾集中堆放、集中烧毁，职工居住营地布局整齐，宿舍干净整洁、生活用品统一，施工工作服和劳动保护用品集中存放，切实改善和创建好职工的生活环境和娱乐环境，争创文明施工区。

（3）进场施工机械和进场材料停放、堆存要集中整齐，施工车辆在施工完成后都必须清洗干净方可停放在指定停车场。建筑材料堆放有序，并挂材料名称、规格、型号等标志牌。对有公害的材料，如火工材料和爆炸器材，易燃、易爆的油气罐等，必须在无公害措施情况下进行分类存放，并由专人负责在当地政府环保部门和公安消防部门监督下进行工作。

二、施工过程的环境保护措施

环境保护是一项基本国策，也是评定工程质量的一个重要条件。在工程施工期间，应严格遵守国家和地方有关环境保护的法律、法规，遵守业主制定的有关工程环境保护管理办法的规定。项目部应采取如下环境保护措施，确保工程具有一流的环境效益。

1. 水污染防治

（1）污水处理。工程污水包括生活污水和生产污水，其中生活污水来自施工营地、施工工厂等，在每个工厂内均应修筑化粪池并定期进行清理处理。生产污水主要是施工工厂、现场开挖、支护、混凝土浇筑、基础处理、基坑渗水等施工项目产生的污水。生产污水中影响水质的污染物质主要来自各工作面开挖的泥土颗粒和施工水泥砂浆。污水处理的主要项目是悬浮物浓度（单位为 mg/L）和由混凝土浇筑和养护等形成的酸碱度（pH 值）。

施工现场设置专门的污水处理系统，将各部位产生的污水处理达标后排放。基础处理施工时，每天 24h 设专人进行排水沟清理和岩芯收集，清除的淤积物应及时清运至指定的场所。

（2）防止饮用水污染措施。工程施工污水需经过污水处理系统处理后达标排放，排水口设置在远离生活用水取水点，防止饮用水污染。

2. 弃渣处置

（1）严格按照弃渣规划弃渣，不得在指定堆渣区域以外堆渣。施工场地及时清理，清理场地的废料和土石方工程的废渣处理，不得影响排灌系统及农田水利设施。

（2）将开挖出的石渣、土运至指定的渣场集中堆放，弃渣时服从渣场管理人员的指挥。

（3）弃渣严格控制在渣场挡墙防护范围以内，不得沿途、沿河及沿沟随意倾倒。

（4）运输散货的车辆，配备两侧及尾部的挡板；用防水布进行遮盖，并保证防水布超出运输车辆两侧及尾部挡板 30cm 以上。水泥、垃圾等的运输车辆应采取封闭式运输。

3. 油品、化学品污染处理

（1）编制化学品及有毒有害物品的使用及管理作业指导书，并于作业前对操作者进行培训。

（2）施工现场易燃、油品及化学品存放应设立专用仓库或专用储存柜。

（3）由于要对机械配件进行清洗，机械设备维修点的废油较多。一是禁止将废油、酸液及其他有毒物质直接向下水道倒放；二是设置废油、废料收集器，收集集中清除；三是设置处理槽，进行超滤处理，尽量重复利用。

4. 生活垃圾处理

（1）生活区的办公楼、宿舍楼每层楼道应设置 1～2 个保洁箱，食堂前设置 2 个保洁箱，生活区内按每 100m 设置一个保洁箱，施工区调度室、值班室门前设置一个保洁箱，各厂区每个车间应设置 2 个保洁箱。加强废弃物的分类管理，保持环境清洁。

（2）对于生产、生活各类垃圾要及时清扫、清运，不得随意倾倒，要求每班清扫、每日清运。

（3）在施工现场设置移动厕所，分别放置在人员集中并便于通行的部位，专人负责清扫、清理，以确保施工场地保持良好的环境卫生状况。

（4）各厂区修建1个砖混结构的冲水式公共厕所和化粪池，专人负责清扫、清理和周围环境的卫生保持工作。

（5）施工垃圾运输应采用密闭式运输车辆或采取覆盖措施，垃圾应运到业主指定地点处理。

（6）各厂区的公共厕所和施工区的移动厕所由文明施工队负责清扫、清理和卫生保持。

5. 环境空气保护

工程施工中的大气污染分为粉尘污染和有害气体污染。粉尘污染主要包括道路扬尘、施工粉尘、物料露天堆放、水泥、砂石、土方、渣土运输等引起的污染；有害气体污染主要包括汽车尾气、机械设备、化学灌浆、炸药爆破等产生的有害气体污染。对以上污染源，应分别采取措施加以控制，以使施工区及其影响区的环境质量不因施工活动而有较大的影响。

6. 噪声控制

施工现场应按照 GB 12523—2011《建筑施工场界环境噪声排放标准》采取消声、吸声、隔声等降噪措施，将施工区及其影响区的噪声影响减少到最低程度，并对施工现场的噪声进行监测和记录。昼夜噪声控制标准为 85dBC（A）和 55dBC（A）。

7. 人群健康保护

（1）为降低施工区各种病原微生物和虫媒动物的密度，预防和控制施工区传染性疾病和自然疫源性疾病的流行，在施工人员入住前采取消、杀、灭等措施对施工营地进行卫生清理，同时每年对施工人员居住区至少开展一次消毒灭害工作。

（2）为了提高施工人群在施工期中对疾病的抵抗能力，防止疾病在施工区爆发流行，危害现有居民和施工人员的健康，制定施工人员的预防免疫计划。在施工期每年对施工人员进行一次体格检查。

（3）为了有效预防传染病、职业病，遵守并执行国家或当地医疗部门制定的有关规定、条例和要求，并建立疫情报告制度。

（4）生活区应设置保健卫生所，配备专职急救人员，处理伤员和职工保健，做好对职工卫生防病的宣传教育工作。

（5）做好食品卫生工作，食堂工作人员需持有个人健康证明。每月对食堂进行卫生检查，除日常清理外，每周进行一次大清理。严把食堂各类食品和原料的进货关，防止职工食物中毒。

（6）按国家对劳动保护的有关要求，做好现场施工作业人员的劳动保护工作，提供有益于职工身心健康和安全保障的生产条件，配备足够的防护用品。施工人员在进入强噪声环境中作业时，如凿岩、钻孔、开挖、机械检修工等，应佩戴耳塞、耳罩，进入高粉尘区应配备口罩等。

（7）洞室开挖时应配备足够的通风、排烟装置，保证洞内通入新鲜的空气。施工人员做好劳动保护及卫生防护工作，施工时需佩戴防尘口罩或防毒口罩。

8. 场地清理

施工中做到边施工、边环保、边恢复，对已使用完的场地、便道抓紧时间进行平整恢复。在工程完工后的规定期限内，拆除除监理人认为有必要保留的设施外的临时施工设施，清除施工区和生活区及其附近的施工废弃物，清除内容包括：

(1) 将施工现场等地的废弃物及施工垃圾等清理至指定地点进行处理。

(2) 施工临建设施按合同规定拆除，场地按合同要求清理和平整，做好环境恢复工作。

(3) 按合同规定应撤离的承包人设备和剩余的建筑材料按计划撤离工地。

(4) 施工区内的永久道路和永久建筑物周围（包括边坡）的排水沟道，按合同图纸要求和监理人的指示进行疏通和修整。

(5) 主体工程建筑物附近及其上、下游河道中的施工堆积物，按监理人的指示予以清理。

(6) 在整体土建工程完工移交证书颁发后，在规定期限内将施工人员、施工设备全部撤出施工现场。

三、水土保持措施

1. 综合措施

(1) 严格遵守水土保持有关法律、法规和合同规定，以及《开发建设项目水土保持设施验收管理办法》等有关规定，做好施工活动范围内的水土保持工作，避免由于施工造成的水土流失。依照国家、地方和业主有关规定制定切实可行的措施和管理制度，做好水土保持实施、监督、管理工作。

(2) 严格执行"三同时"制度。施工期的水土保持设施应与主体工程同时设计、同时施工、同时竣工验收和投产使用。生产部门和各施工单位在布置生产的同时，应按"三同时"的要求，同时实施水土保持工作。

(3) 自觉接受业主、监理和当地生态环境部门对水土保持的监督、指导和管理，积极改进施工过程中存在的问题，提高水土保持水平。

2. 专项措施

工程的水土流失防治措施包括工程治理措施和植物治理措施两部分。工程治理措施主要针对存弃渣场、土石料场，采取拦渣、护坡和排水工程措施，对施工开挖的边坡采取清理、支护和排水工程措施，避免由于施工造成的水土流失。植物治理措施主要针对存弃渣场、截流土石料场和道路、场地的空地，采取植树、种草、种花等植物措施，保持渣场的边坡稳定，防止土地的风、雨侵蚀，避免由于施工造成的水土流失。

(1) 防治技术与防治方法。水土流失防治技术主要包括拦渣工程、护坡工程、土地整治工程、防洪排水工程和绿化工程等。水土流失防治采取工程措施与生物措施相结合，治理与预防相结合，治理与管护相结合的综合治理方法。水土保持设施的布设以防护效果好、快速发挥保土保水功能、效能持久、整体美观、运行管理安全和节省投资为原则。在治理方法上，应根据不同的土质、坡度、坡长和地形条件等因地制宜、因害设防，以达到最佳防护效果。

(2) 开挖边坡保护和水土流失防治。开挖边坡要按设计图纸要求，做好边界的测定和控制，严禁超边界开挖。开挖中应采取相应措施，以防止水土流失冲刷河道造成淤积。开挖后边坡按设计要求及时进行支护，并做好周围排水设施，以利边坡稳定和水土保持。

严禁施工人员在工区及附近采伐树木、开荒种地、采石采砂取土、违章用火。尽可能原状维持施工区内的生态环境，加强保护施工区外的生态环境。

工程完工后按合同要求，进行恢复原貌和复耕的整平清理工作，恢复植被以防止水土流失及生态环境恶化。

（3）雨季水土流失防治。各厂区、仓库、临时房屋，堆放砂石骨料、弃渣和其他材料的露天场地周围和场地，应做防洪、排水等保护措施，并加强养护，以防止冲刷和水土流失。

施工区、厂区、堆料场、弃渣场等裸露边坡应采取保护措施，防止在风化、浸泡和冲刷下发生水土流失。施工区应按设计和防洪度汛要求完善排水系统，做好清淤、疏通和修复工作。

各项目施工场地应设置临时截水、排水沟，同时，注意避免渣地积水，生产、生活用水和暴雨洪水的排水系统应统一考虑、合理布置，防止水土流失。

（4）土地风化水土流失防治。对施工区的边坡、路边、场地等可以绿化的部位，要在采取工程治理措施的同时因地制宜地尽可能多种花、多种草、多植树，以美化施工环境和防止水土流失。

对生活区、办公区，也要因地制宜地合理布设水土保持设施。在满足水土流失防治要求的前提下，着重突出绿化和美化效果，以营造良好的生活、办公环境。

（5）临时工程水土流失防治。保护临时设施周围开挖后的河道、冲沟和边坡。

临时施工道路在运期间，应加强养护。工程竣工后，如仍需继续使用的，应按要求完善排水系统，在开挖或浇筑坡面喷播植草；如需废弃的，应进行植树绿化，并完善排水设施，其他临时工程，视具体情况采取相应的防护措施。

思 考 题

1. 核安全管理制度的基本思想是什么？
2. 国际核安全管理部门主要有哪些？
3. 中国的核能和核安全管理部门主要有哪些？
4. 中国核安全法规体系中的两部法律分别是什么？

第三章　一回路辅助系统[①]

第一节　化学和容积控制系统

一、系统功能

化学和容积控制系统（chemical and volume control system，CVS）是反应堆冷却剂系统（reactor coolant system，RCS）的主要辅助系统，它是一个封闭的加压系统。

1. 主要功能

（1）容积控制。用以保持 RCS 内的水容积，吸收稳压器吸收不了的水容积变化，使稳压器水位维持在随冷却剂温度而变化的水位整定值上。利用 CVS 来调节和补偿 RCS 冷却剂因温度变化、向系统外泄漏、上充（包括轴封注水）和下泄流量不平衡导致的水容积变化。

（2）反应性控制。与反应堆硼和水补给系统（reactor boron and water make-up system，RBM）相配合，通过调节冷却剂硼浓度来控制反应堆内反应性的变化，以及保证足够的停堆深度。

（3）化学控制。通过净化处理，去除冷却剂中裂变产物和腐蚀产物，从而控制一回路的放射性水平，提高冷却剂水质。与反应堆硼和水补给系统（RBM）配合，通过给冷却剂加药，用以给冷却剂除氧、调整 pH 值。

2. 辅助功能

（1）为冷却剂泵提供经过过滤、冷却的轴封水和水泵轴承冷却、润滑水。

（2）为稳压器提供辅助喷淋冷水。

（3）为反应堆和 RCS 进行充水排气、打压检漏试验。

（4）在稳压器充满水单相运行时，控制 RCS 的压力。

（5）接收 RCS 运行中冷却剂水的过剩下泄。

（6）在余热排出系统（residual heat removal system，RHRS）准备投入前，通过向 CVS 下泄，加热 RHRS 介质。

3. 安全功能

（1）在 RCS 发生小破口事故时，CVS 能维持 RCS 的水装量。

（2）在正常停堆或发生卡棒、弹棒等反应性事故时，与 RBM 配合，共同确保反应堆处于次临界状态。

（3）在安全注射系统（safely injection system，SIS）投入向堆芯注水时，CVS 向 RCS 紧急注入硼酸溶液。此时 CVS 上充泵作为高压安全注射泵投入运行。

二、设计依据

1. 容积控制

（1）反应堆按规定的速率升温、降温或改变功率时，CVS 应能维持 RCS 有合适的水

[①]　本章及后面各章所提系统及参数，除有特别指明，均以压水堆型为例。

装量。

（2）应能承担 RCS 从冷态到热态的启动过程，或从热态到冷态的停闭过程中，以最大速率升温、降温而产生最大的冷却剂体积变化速率。

（3）应有足够的能力补偿 RCS 小破口泄漏，并仍有能力足以保持 RCS 合适的水容积。

2. 反应性控制

CVS 应根据压水堆运行要求，改变冷却剂中硼的浓度，配合控制棒组件控制反应性较慢的变化。CVS 控制的反应性应包括：①在首次装料时与可燃毒物一起控制堆芯的全部后备反应性；②补偿由于慢化剂和燃料温度变化而引起的堆芯反应性的变化；③补偿运行中裂变产物氙和钐积累及负荷变化或停堆引起氙浓度变化而导致的反应性变化；④维持反应堆停堆检修、换料操作中应具有的足够的停堆深度。

CVS 还应做到在反应堆寿期的任何时候，不依靠控制棒组件能独立地停堆，并继续向冷却剂中注入足够的硼酸，以补偿氙的衰变、冷却剂降温引起的反应性增加，维持足够的停堆深度。另外，还需考虑堆芯冷却剂因温度升高，水体积膨胀会引起部分含硼冷却剂被挤出，堆芯硼含量相应下降而造成反应性增加。这种正反应性变化必须小于冷却剂及燃料温度升高造成的负反应性变化。为此，冷却剂硼浓度一般应控制为 $1100 \sim 1200 \mu g/g$ 之下，以维持反应堆的综合反应性温度效应仍为负。

3. 水质控制

冷却剂的水质控制包括化学水质控制和放射性水平控制。CVS 除需保证冷却剂正常运行中的水质指标外，还要满足在规定的允许燃料包壳破损率下仍能保持冷却剂达到规定的放射性水平和水质指标。冷却剂的放射性来自水及其杂质、腐蚀产物、化学添加剂被活化的吸收中子，以及从燃料包壳内释放出的裂变产物。其中绝大部分来自裂变产物，小部分来自被活化的腐蚀产物。裂变产物中惰性气体氪（Kr）、氙（Xe）占总放射性的 90% 以上，碘（I）约占 3%，铷（Rb）、钼（Mo）各约占 1%，铯（Cs）约占 0.7%。一个 100 万千瓦级压水堆在 1% 燃料包壳破损后，其在冷却剂中总的放射性比活度约为 0.2Ci/L。在这种情况下，CVS 应能使冷却剂达到压水堆电站对冷却剂总放射性规定（$10^{-6} \sim 10^{-5}$ Ci/L 量级）。CVS 应能使冷却剂保持在规定的化学水质指标范围内，以控制对材料的腐蚀速率，减少腐蚀产物积累，保障设备使用寿命。

CVS 所设置的过滤、净化装置用以去除冷却剂中的有害杂质，添加联氨以去除水中溶解氧，添加氢以抑制堆芯冷却剂水的辐照分解，添加 LiOH 以控制调节 pH 值。CVS 净化用离子交换树脂能有效地将冷却剂电导率降低一个量级及以上，但是离子交换树脂的工作温度必须在 60℃ 以下，需要严格控制以避免树脂在高温下破坏失效。净化系统又处在常压下运行，所以还需在 CVS 下泄水从 292℃ 降温至 45℃ 后将下泄流压力（绝对压力）从 15.5MPa 降压至 0.2 ～ 0.5MPa；相反，在上充至 RCS 前，应事先升压、升温。

三、基本控制原理

1. 容积控制原理

CVS 的容积控制是为了保持 RCS 的水容积，吸收掉稳压器吸收不了的水容积的变化，使稳压器水位维持为其随冷却剂平均温度而设定的整定值。CVS 的容积控制需要连续流量的调节，这是因为冷却剂泵需要恒定的轴承冷却、润滑水和恒定的轴封注水。CVS 的容积控制原理如图 3-1 所示，CVS 从 RCS 冷段引出下泄流经容积控制箱，再由上充泵把上充流打回 RCS。反应堆稳定运行时，上充流量与下泄流量相等，当 RCS 内冷却剂体积发生变化时，稳压器水位发生变化，水位偏离整定值，调节上充流量，使稳压器水位恢复为整定水位。但容积控制箱的容积仅为 8.9m³，箱内正常水位水容积为 3.4m³，因此容量有限。在 RCS 升温、降温或其他瞬态水体积有很大变化时，可由其他系统配合，当容积控制箱水位高时，可把水排放到硼回收系统（boron recycle system，BRS），当容积控制箱水位低时，由硼和水补给系统（RBM）按需要进行补给。

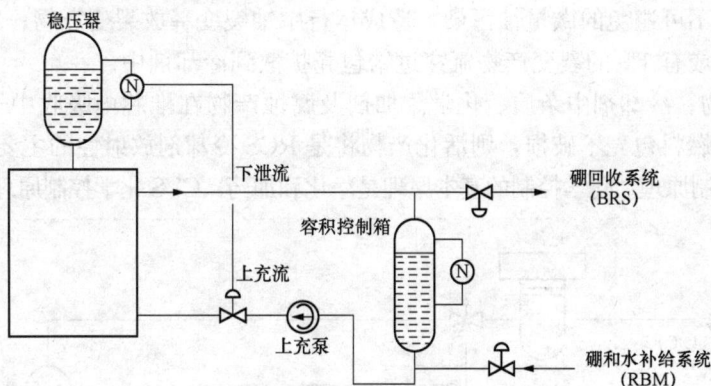

图 3-1 CVS 的容积控制原理

2. 化学控制原理

通过化学控制，维持冷却剂水化学性质在规定限值内，从而把 RCS 所有部件的腐蚀限制在最低程度，避免杂质沉积在系统内，特别是在燃料元件表面导致包壳传热恶化过热损坏；避免 RCS 冷却剂中被活化的腐蚀产物和裂变产物积累，放射性水平增加核电站压水堆建成投入运行后，冷却剂的水化学性质的控制就成了防止 RCS 中所有部件腐蚀，降低放射性的基本手段。

（1）引起腐蚀的主要因素有以下几个：

1）pH 值。室温下（22℃）中性溶液 pH 值为 7，酸性溶液 pH 值小于 7，碱性溶液 pH 值大于 7。pH 值随温度变压而变化，高温下中性溶液纯水的 pH 值向 7 以下偏移。在压水堆中，冷却剂略偏碱性能提高不锈钢和镍基合金的耐腐蚀性，但对锆合金，冷却剂 pH 值达到 12 时会导致腐蚀加快，因此压水堆冷却剂 pH 值以 9.5～10.5 为最佳。另外，在碱性溶液中腐蚀产物会从热表面上溶解转移到冷表面上沉积，这有利于防止 RCS 腐蚀产物向堆芯转移，且能使沉积于堆芯的腐蚀产物向堆芯外转移。RCS 中用于反应性控制的硼酸会使冷却剂呈弱酸性，所以可采用添加 pH 值控制剂来提高冷却剂的 pH 值。

2）水中氧。氧是活泼的腐蚀元素，能与多种元素结合生成氧化物，它还是其他元素侵蚀钢材的催化剂。因此冷却剂水中游离氧的存在是造成金属结构材料腐蚀的重要原因。氧在冷却剂中的主要来源有：①RBM 经热力除氧后的补给水中仍残留的溶解氧；②冷却剂在检修、换料过程中与空气中的氧直接接触而溶入的氧；③冷却剂在堆芯辐照分解生成的氧。压水堆运行中规定冷却剂水中氧的限值要求为小于 0.1μg/g。

3）水中氯。奥氏体不锈钢破坏的概率随冷却剂水中氯离子浓度的增加而增大，含氧量较高的水中则更为严重。冷却剂水中的溶解氧和氯离子共同作用是不锈钢应力腐蚀破裂的重要原因，这种腐蚀给核电站蒸汽发生器等主要设备造成了严重损坏。压水堆正常运行中规定冷却剂水中的氯含量应小于 0.15μg/g。

4）水中氟。冷却剂水中含有微量的氟会显著增加锆合金的初始腐蚀速率和增加锆吸氢而造成锆的氢脆。氟又能在氧的催化下引起不锈钢的应力腐蚀。压水堆冷却剂要求氟含量限值小于 $0.15\mu g/g$。

（2）引起冷却剂放射性增加的因素有：

1）裂变产物。裂变产物对 RCS 冷却剂污染的主要途径是包壳破损放射性产物释放。其次还有包壳表面不可避免的微量铀污染，造成运行中铀裂变释放裂变产物；冷却剂氢核吸收中子活化生成氚或有 1‰ 的裂变产物氚穿过锆包壳扩散到冷却剂中。

2）活化产物。冷却剂中杂质、化学添加剂及腐蚀产物在堆芯内吸收中子后活化产生放射性。如果堆芯燃料包壳不破损，则活化产物将是 RCS 冷却剂放射性的主要来源。

（3）化学控制原理。化学控制的基本原理是净化和加药，CVS 化学控制原理如图 3-2 所示。

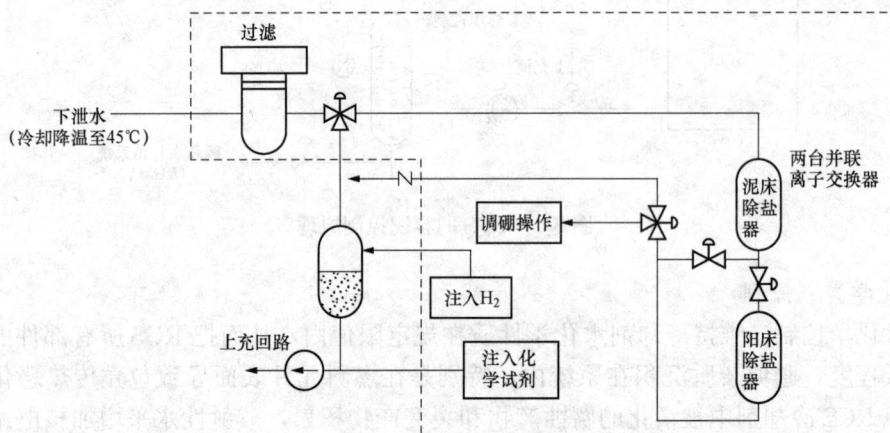

图 3-2　CVS 化学控制原理

RCS 启动升温、升压过程中，通过 RBM 化学添加箱，经由 CVS 向 RCS 注入一定数量的联氨（N_2H_4），以去除冷却剂中的残余氧。联氨除氧化学方程如下：

$$N_2H_4 + O_2 \longrightarrow 2H_2O + N_2 \uparrow \tag{3-1}$$

用联氨除氧的最佳温度为 $90\sim120℃$，此时反应速率最快。温度太高联氨会分解，达不到除氧目的。因此，要求冷却剂温度接近 $90℃$ 时添加联氨，在 $90\sim120℃$ 间停留数小时，待冷却剂中含氧量合格后继续升温。此外，反应剩余的过量联氨在额定温度下将全部分解，不会造成不良后果。CVS 化学控制过程如下：

1）压水堆正常运行时，向 RCS 加入过量的氢气，可以减少冷却剂在堆芯辐照分解产生的游离氧。一定浓度的氢含量不但能抑制冷却剂在堆芯的辐照分解，同时还有利于辐照合成氨（NH_3），而除去冷却剂中的氮气，可避免氮在水中遇氧在辐照下合成为硝酸（HNO_3）从而引起冷却剂 pH 值下降。RCS 冷却剂中氢含量应维持为 $25\sim35mg/g$。

2）利用 CVS 化学添加箱向 RCS 注入 pH 值控制剂，用以控制冷却剂呈偏碱性（pH 值为 $9.5\sim10.5$）。控制剂应具有良好的 pH 控制能力；良好的核性能，尽量少产生感生放射性；良好的物理、化学稳定性和低廉的价格。氢氧化锂（LiOH）是一种较理想的 pH 值控制剂。由于天然锂中含有 7.52% 的 Li-6（元素锂的一种稳定同位素，lithium-6，简写 Li-6），而 Li-6 的热中子吸收截面很大，在中子的轰击下，Li-6 容易发生核反应，生成大量的氚。故用天然的 LiOH 作为 pH 值控制剂将会给反应堆运行、维修和三废处理造成影响。用高纯度 Li-7（99.99％）的氢氧化物做 pH 值控制剂避免了上述缺陷，可使冷却剂氚浓度由 $1.037×10^{-4}Bq/L$ 降至 $7.4×10^{-5}Bq/L$ 以下，且高纯度 Li-7 氢氧化物的 pH 值控制能力强，中子吸收截面积小，腐蚀性较小，但缺点是高纯度 Li-7 氢氧化物是一种非挥发性碱，会在 RCS 局部，特别是在堆芯结构缝隙局部浓集，从而造成苛性腐蚀，而且 Li-7 氢氧化物价格昂贵不易得到。在压水堆建成初期，由于 RCS 冷却剂采用很高的硼浓度用以控制新堆的后备反应性，所以此时即使添加大量的 LiOH，其 pH 值一般也达不到 9.5。

3）在下泄流净化回路中设置过滤器，用以去除胶状悬浮物和直径大于 $5\mu m$ 的固体颗粒杂质。

4）净化系统安装两台并联的混合床离子交换器，平时一台运行（另一台备用），用以去除离子状杂质和大部分裂变产物。该离子交换器在燃料元件包壳 1％ 破损时，每个交换器可运行 3 个月以上。

化学控制还包括扫气，定期排放积聚在容积控制箱气腔内的裂变气体；在设备预加热操作时，用氮气清扫水中排出的溶解氧；在压水堆停闭时用氮气降低冷却剂中释放出的氢气浓度。

3. 反应性控制原理

通过调节 RCS 冷却剂水中的硼浓度来补偿压水堆运行中反应性的变化，从而确保控制棒调节组件位于正常使用的调节范围，使反应堆正常运行，且在压水堆需要停堆时，获得足够的停堆深度。

（1）加硼。加硼操作为手动操作，需要时 RBM 经由上充泵吸入口，向 CVS 注入预先确定体积的高浓度硼水，上充给 RCS。同时在下泄回路容积控制箱上部入口处向 BRS 排掉等量的 RCS 冷却剂，从而提高系统冷却剂的含硼量，并使之达到预定值。加硼操作一般用在反应堆因氙-135 消失、冷却剂温度下降等原因造成的反应性增加时。加硼操作也可用于核电站停堆换料前，向 RCS 冷却剂内大量加硼，使硼浓度达到 $2100\mu g/g$。加硼操作中容积控制箱水位基本保持不变。

（2）稀释。稀释操作也为手动操作，需要时由 RBM 经由上充泵入口向 CVS 注入预先确定容积的纯水，上充给 RCS，同时在下泄回路容积控制箱上部入口处向 BRS 排放相同容积的 RCS 冷却剂，从而使冷却剂含硼浓度降低至要求值。稀释操作通常用在补偿压水堆因燃耗、氙-135 浓度增加或冷却剂温度上升等原因造成的反应性减少时。稀释操作中容积控制箱水位基本不变。

（3）除硼。除硼操作也为手动操作，需要时将下泄流流经 BRS 中的除硼离子交换器，用以降低或除掉 RCS 冷却剂中的含硼量。除硼后的冷却剂再返回至 CVS 容积控制箱入口。除硼操作的目的、用途与稀释操作相同，但除硼一般使用在压水堆堆芯循环周期末。因为此时 RCS 冷却剂中含硼量较低（在 $300\mu g/g$ 以下），若使用稀释方法，排出的废水量会很大，而通过除硼操作则可降低硼浓度，基本上不产生废水。由于除硼方式仅在下泄流管线上串接一个除硼离子交换器，因此除硼运行中既无向 BRS 的排放，容积控制箱水位也不会发生变化。

（4）补给。补给操作处在自动调节状态，取决于容积控制箱内的水位。当容积控制箱水位低时，将由 RBM 经由上充泵吸入口向 CVS 注入与 RCS 冷却剂硼浓度相等的含硼水。当补水使容积控制箱水位达到正常运行规定值范围时，补给自动停止。

四、系统流程及设备

CVS 由下泄回路、净化回路、上充回路、轴封注水及过剩下泄回路 4 部分组成，化学和容积控制系统结构如图 3-3 所示。

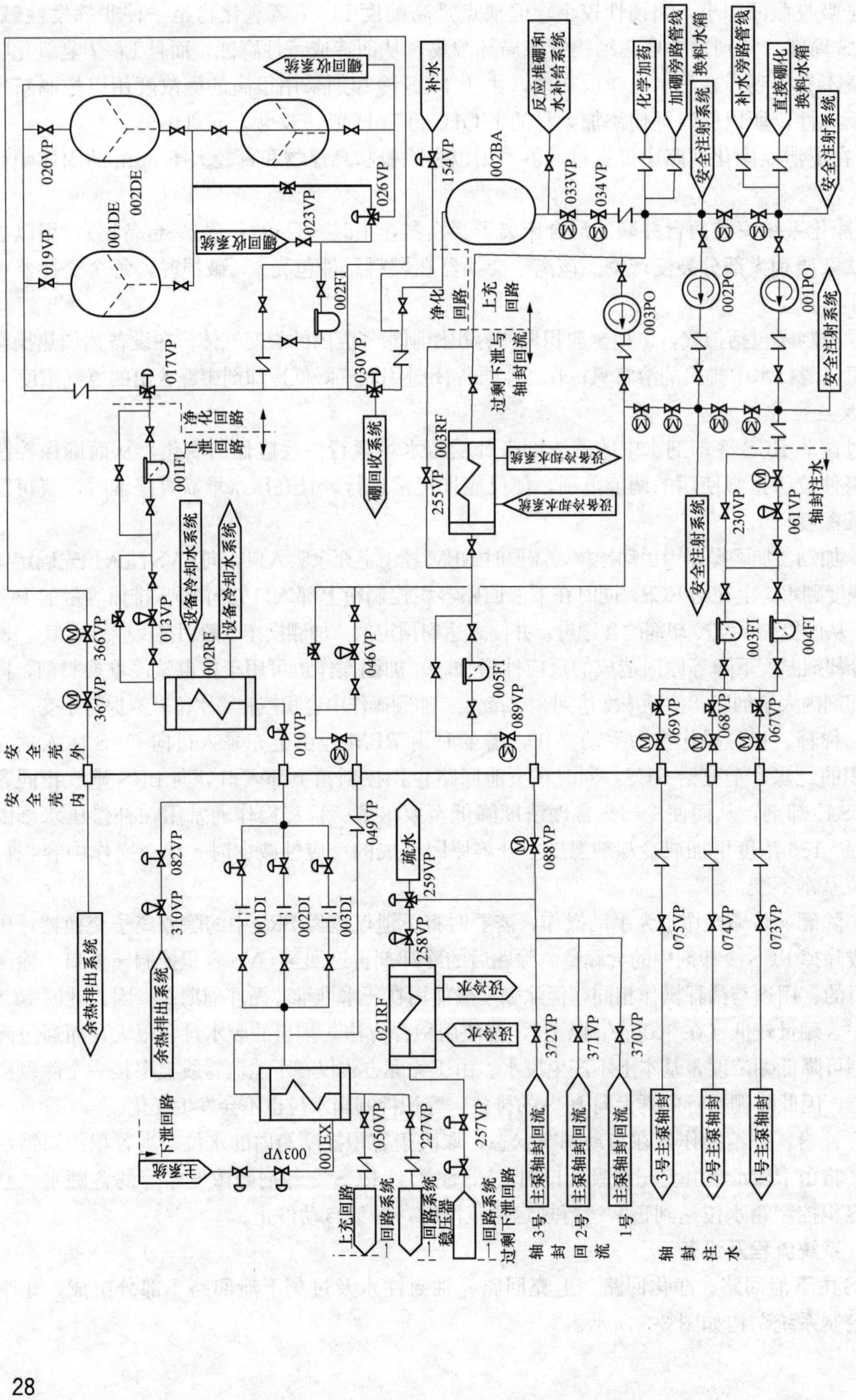

图 3-3　化学和容积控制系统结构

1. 下泄回路

压水堆稳态正常运行时，冷却剂从一条环路的冷段引出，经两个气动隔离阀 002VP、003VP 进入再生热交换器壳侧，被管侧上充流冷却。下泄流正常流量为 13.6m³/h，温度由 292℃降至 140℃。由再生热交换器引出的下泄流经三组并联的下泄孔板减压（正常时一组运行），使绝对压力由 15.5MPa 降到 2.4MPa 后流出反应堆厂房（安全壳），进入设在核辅助厂房内的非再生下泄热交换器管侧，被壳侧设备冷却水系统（component cooling water system，CCW）的设备冷却水冷却，下泄流冷却剂温度由 140℃降至 46℃。由下泄热交换器引出的下泄流冷却剂流经压力控制阀 013VP 进行再次减压，绝对压力由 2.4MPa 降至 0.22MPa 后进入过滤器滤去冷却剂中胶状悬浮物和直径大于 5μm 的固体颗粒杂质。随后经三通阀 017VP 进入容积控制箱或净化回路。从 RCS 引出的下泄流冷却剂必须要降温、降压，这是因为净化回路中离子交换树脂不能承受 60℃以上的高温，必须要降温至 46℃。为了充分地回收利用这部分热量，CVS 首先采用再生热交换形式，在冷却下泄流的同时，对上充回路经净化的冷水进行加热，以回收热量。随后再在下泄热交换器中利用设备冷却水将下泄流冷却剂降温至允许值。除了温度问题外，CVS 净化回路和与 CVS 相连的其他系统都处于低压状态，所以必须将下泄流压力降至 0.22MPa。为避免冷却剂汽化，降压只能在冷却剂降温后进行，如同降温冷却分两级进行一样，降压也分两级，即在每个冷却段后进行一次降压。下泄流的降温降压过程示意如图 3-4 所示。

在 RHRS 投入运行时，RCS 冷却剂主要经过 RHRS 引出，经两个隔离阀 310VP、082VP 到达下泄孔板的下游，这是因为下泄孔板阻力太大，低压状态冷却剂几乎无法通过。

（1）再生热交换器 001EX（见图 3-5）。再生热交换器用于下泄流降压前首次冷却降温，其热量由上充流冷却剂回收利用。再生热交换器运行参数见表 3-1。

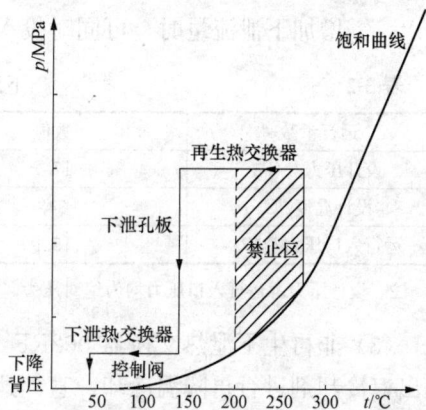

图 3-4　正常下泄流的降温降压过程示意图

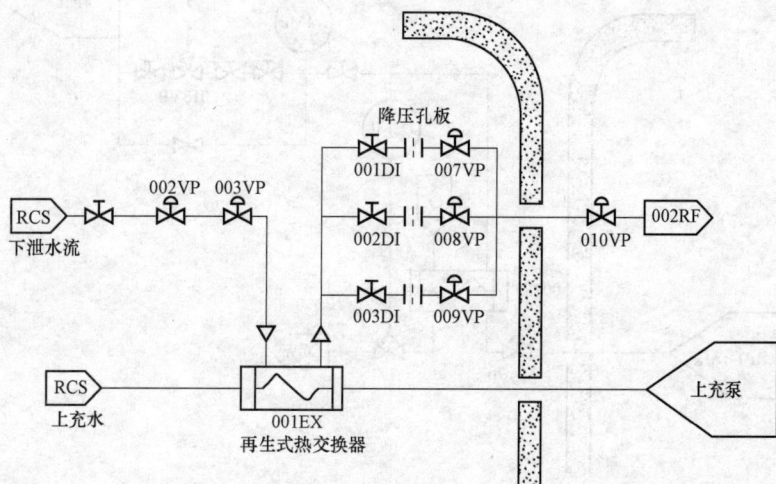

图 3-5　再生热交换器 001EX 及管线

表 3-1 再生热交换器运行参数

运行参数	下泄（壳侧）		上充（管侧）	
	额定	最大	额定	最大
设计压力/MPa	17.2		19.0	
设计温度/℃	343		284	
运行压力/MPa	16.6	16.6	16.7	16.7
流量/（t/h）	13.53	27.06	10.15	23.76
入口温度/℃	292	292	54	54
出口温度/℃	140	145	266	233
压降/MPa	0.075	0.205	0.025	0.12
传热量/kW	2610	5070	2610	5070

注 表中出现的压力均为绝对压力。

（2）下泄降压孔板 001DI、002DI、003DI。下泄降压孔板用于下泄流第一级降温后的首次降压。三个孔板并联安装，分别由隔离阀 007VP、008VP、009VP 控制。正常运行一路投入，需增加下泄流量时，可同时投入二路或三路孔板。下泄降压孔板运行参数见表 3-2。

表 3-2 下泄降压孔板运行参数

运行参数	数值	运行参数	数值
设计压力/MPa	17.2	运行温度/℃	正常 14.0，最大 19.3
设计温度/℃	343	额定流量/（t/h）	13.6
运行入口压力/MPa	15.9	额定流量下压头损失/MPa	约 13.1

注 设计压力、运行入口压力均为绝对压力。

（3）非再生下泄热交换器 002RF（见图 3-6）。非再生下泄热交换器用于对下泄降压孔板出口冷却剂进行再降温冷却，直到达到净化回路离子交换树脂所允许的温度限值，防止在第二级降压时冷却剂汽化。冷却水来自设备冷却水系统（CCW），热交换器出口冷却剂水温由 CCW 冷却水流量调节阀控制，温度信号取自热交换器冷却剂出口。002RF 热交换器运行参数见表 3-3。

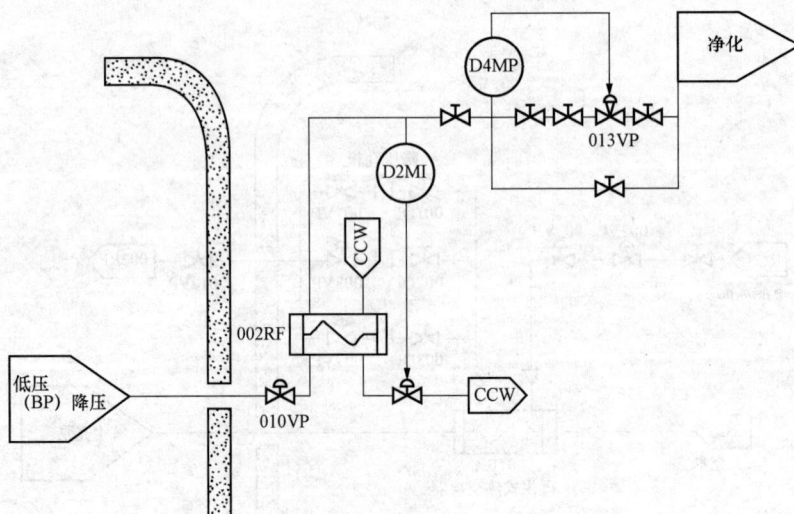

图 3-6 下泄热交换器 002RF 及管线

表 3-3 下泄热交换器运行参数

运行参数	下泄（管侧）		冷却水（壳侧）	
	额定	最大	额定	最大
设计压力/MPa	5.0		1.13	
设计温度/℃	204		93	
运行压力/MPa	2.8	2.8	0.8	0.8
流量/（m³/h）	13.53	27.06	28	135
入口温度/℃	140	145	<35	<35
出口温度/℃	46	46	78.5	55
压降/MPa	0.1	0.1	0.11	0.11
传热量/kW	1490	3140	1490	3140

注 设计压力、运行压力均为绝对压力。

（4）压力控制阀 013VP。压力控制阀又称低压降压阀，用于下泄流第二级降压，由压力调节器控制，压力信号在该控制阀前取出。013VP 也可手动操作。

（5）净化过滤器 001FI（见图 3-7）。净化过滤器用于过滤胶状悬浮物和直径大于 $5\mu m$ 的固体颗粒杂质，以保护净化离子交换树脂。过滤器滤芯可以更换。

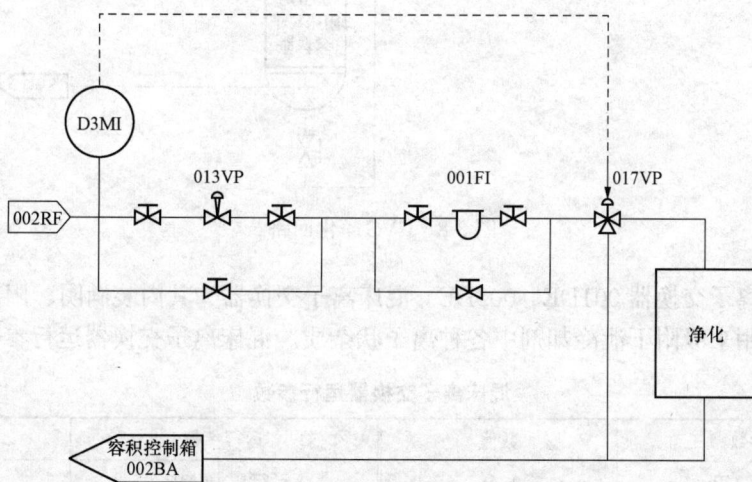

图 3-7 净化过滤器 001FI 及管线

（6）净化旁路三通阀 017VP。净化离子交换树脂的工作温度为 46～62.5℃，如进入净化回路的冷却剂温度高于 57℃，为防止树脂高温下破坏失效，017VP 会自动切换，旁通净化回路，直接将下泄流导入容积控制箱 002BA。

2. 净化回路

CVS 净化回路如图 3-8 所示，冷却剂经 017VP 进入两台并联的混床离子交换器中的一台，除去大多数离子状态的裂变产物和腐蚀产物，然后进入到间断运行的阳床离子交换器进行除铯（Cs）和除锂（Li）。净化后的冷却剂经过净化过滤器 002FI 滤去破碎的树脂后进入容积控制箱 002BA。阳床离子交换器不投入运行时则打开旁路阀，将下泄冷却剂直接引入过净化滤器 002FI。

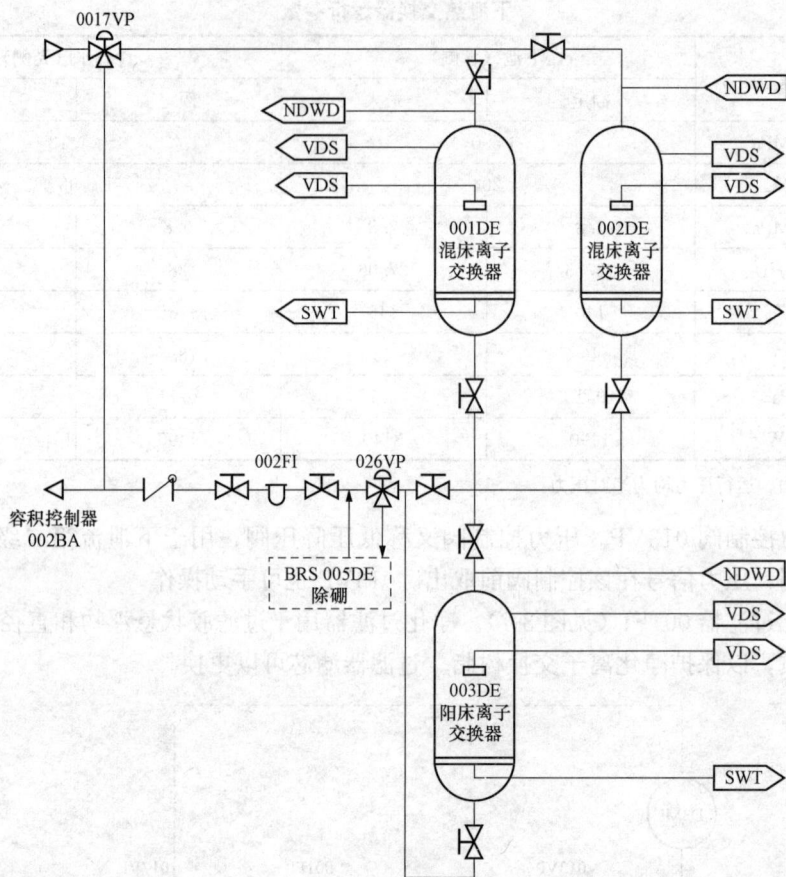

图 3-8　CVS 净化回路

（1）混床离子交换器 001DE、002DE。混床离子交换器为其内装满阴、阳离子交换树脂的净化柱子，用来吸附下泄冷却剂中各种离子状杂质。混床离子交换器运行参数见表 3-4。

表 3-4　　　　　　　　　　　　　混床离子交换器运行参数

运行参数	数值	运行参数	数值
设计压力/MPa	1.48	运行压力/MPa	1.13
设计温度/℃	110	压头损失/MPa	0.113
总容积/m³	1.4	床高度/m	1.68
树脂容积/m³	0.93	床直径/m	0.84
树脂工作温度/℃	46～62.5	阻挡树脂的筛网目数	140
正常/最大流量/(m³/h)	13.6～27.2		

注　设计压力、运行压力均为绝对压力。

（2）阳床离子交换器 003DE。阳床离子交换器安装在混床离子交换器之后，用来去除混床离子交换器吸附不了的放射性离子（137Cs），使其在冷却剂中的放射性比活度低于 0.37Bq/m³。同时还去除冷却剂中 10B（n，α）7Li 核反应产生的过量锂，以调整 pH 值。阳床离子交换器以间断方式运行，不投入运行期间用旁通阀将其旁路。阳床离子交换器仅一个，要求其吸附容量能满足一个堆芯循环使用期。

混床离子交换器 001DE、002DE 和阳床离子交换器 003DE 树脂饱和后，其饱和树脂将被冲排至固体废物处理系统（solid waste treatment，SWT），并由树脂充填箱装入新树脂。阳床离子交换器运行参数见表 3-5。

表 3-5 　　　　　　　　　　　　　　阳床离子交换器运行参数

运行参数	数值	运行参数	数值
设计压力/MPa	1.48	树脂工作温度/℃	46～62.5
设计温度/℃	110	最大流量/(m³/h)	13.6
总容积/m³	0.7	工作压力/MPa	1.13
树脂容积/m³	0.46		

注 设计压力、工作压力均为绝对压力。

（3）三通阀 026VP。三通阀 026VP 用于除硼操作，当堆芯寿命期末，RCS 冷却剂中硼浓度很低（＜300μg/g）需要减硼时，可用此阀把下泄流冷却剂导向硼回收系统（BRS）的除硼离子交换器，用以除硼。除硼后的冷却剂返回三通阀 026VP 下游、净化过滤器 002FI 的入口。三通阀 026VP 运行参数见表 3-6。

表 3-6 　　　　　　　　　　　　　　三通阀 026VP 运行参数

运行参数	数值	运行参数	数值
最大工作压力/Pa	1.5	额定/最大流量/(m³/h)	13.6/27.2
最大工作温度/℃	65	工作温度/℃	46～62.5

注 表中出现压力为绝对压力。

（4）净化过滤器 002FI。净化过滤器 002FI 被安装在净化离子交换器之后，用于滤除冷却剂中可能存在的净化树脂碎片。过滤器滤芯同样可以更换。净化过滤器 001FI、002FI 运行参数见表 3-7。

表 3-7 　　　　　　　　　　　　　净化过滤器 001FI、002FI 运行参数

运行参数	数值
设计压力/MPa	1.13
设计温度/℃	93
过滤颗粒直径/μm	5
过滤效率/%	98
正常/最大流量/(m³/h)	13.6/27.2
运行温度/℃	46～62.5
最大流量水头损失/kPa	33（新净化过滤器），138（更换前的净化过滤器）

注 设计压力为绝对压力。

3. 上充回路

下泄流冷却剂经净化过滤后首先进入容积控制箱喷淋管，经喷头喷出、雾化，释放出一部分裂变气体，裂变气体可由氢气或氮气携带排往核岛排气和疏水系统（nuclear inland vent and drain system，VDS）处理。容积控制箱下部空间内存放经过净化和清除裂变气体的冷却剂。容积控制箱作为上充泵的储水箱，给三台上充泵提供水源。上充泵把绝对水压提高至 17.7MPa 后，一路经上充流量调节阀 046VP，穿过安全壳经由再生热交换器管侧，进入 RCS 冷管段和稳压器辅助喷淋管线；另一路则由主泵轴封水流量调节阀 061VP 进入轴封水回路。

（1）容积控制箱 002BA（见图 3-9）。容积控制箱作为 RCS 的缓冲水箱，可以容纳稳压器吸收不了的冷却剂水容积。虽然容积控制箱容量有限，但其可根据下泄流量的变化、容积控制箱水位的高低，与 BRS 和 RBM 配合来吸收或补充 RCS 冷却剂体积的各种变化。当容积控制箱水位增高时，三通阀 030VP 使冷却剂流向 BRS，水位恢复后则使其流向容积控制箱 002BA。当容积控制箱水位降低时，则由 RBM 给予补水。补水可以手动操作，在容积控制箱上游将水补入，与下泄流冷却剂混合后一起喷淋入容积控制箱，以使冷却剂和氢有效混合；也可在容积控制箱后由 RBM 的调节阀 018VB，根据容积控制箱水位信号自动补给。

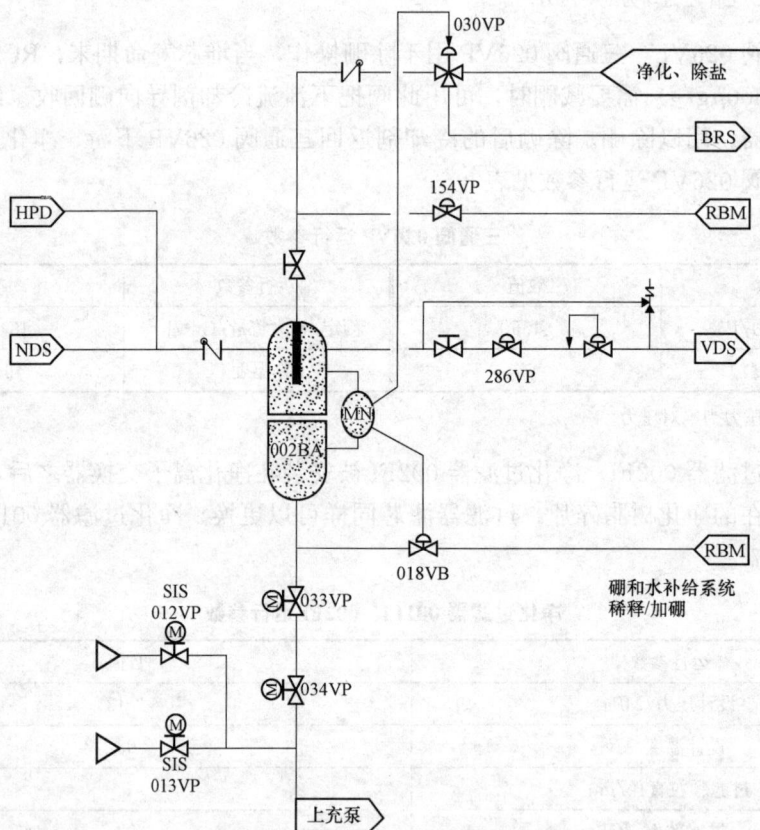

图 3-9　容积控制箱及管线

为抑制冷却剂在堆芯的辐照分解，控制分解氧的含量，需要由容积控制箱向 RCS 冷却剂中注入氢，使冷却剂中氢含量为 25～35mg/g。容积控制箱氢气压力依靠氢气生产与分配系统（hydrogen production and distribution，HPD）维持为 0.2～0.5MPa，下泄水由容积控制箱顶部喷淋进入，保证了冷却剂和氢的有效混合。容积控制箱还可进行除气。打开 RCS 前应先用来自核岛氮气分配系统（nuclear island nitrogen distribution system，NDS）的氮气清扫，排除积聚在容积控制箱内的有害气体和裂变气体。在设备加热预操作时，用氢气清除冷却剂中排出的有害气体。在运行中定期通过286VY向VDS排放容积控制箱气腔内逐渐积累的裂变气体。容积控制箱运行参数见表3-8。

表 3-8 容积控制箱运行参数

运行参数	数值	运行参数	数值
设计压力/MPa	0.62	正常压力/MPa	0.22
设计温度/℃	110	正常温度/℃	46
箱总容积/m³	8.9	喷嘴最大喷淋流量/(m³/h)	27.2
水容积/m³	3.6	最大流量时压头损失/kPa	20

注 设计压力、正常压力均为绝对压力。

(2) 上充泵 001PO、002PO、003PO（见图 3-10）。图 3-10 所示的三台并联的上充泵是卧式多级离心泵，从容积控制箱汲水，使上充流升压到 17.7MPa。然后通过再生热交换器管侧，使经过净化的下泄流冷却剂重新返回到 RCS 冷管段。正常运行时一台上充泵投入运行。每台上充泵均配有再循环管线，运行时可调节旁通流量使上充流量处于适当的流量、压力范围内。三台泵的再循环管线应处于开启状态。上充泵由一个带 1500～4450r/min 增速器的电动机带动。每台上充泵都设有配套的润滑油系统，包括随泵齿轮油泵、辅助电动油泵、储油容器、强制通风冷却器、油过滤器和恒温阀等，用以润滑泵轴承和增速器轴承。正常运行时用随泵齿轮油泵，上充泵启动或停止前，先启动辅助电动油泵，使油压超过 60kPa，以提供足够的顶轴油压。用上充泵作高压安全注射泵使用时，需要立即启动上充泵，此时允许不事先启动辅助电动油泵，让上充泵启动后随泵齿轮油泵自动建立油压。上充泵运行参数见表 3-9。

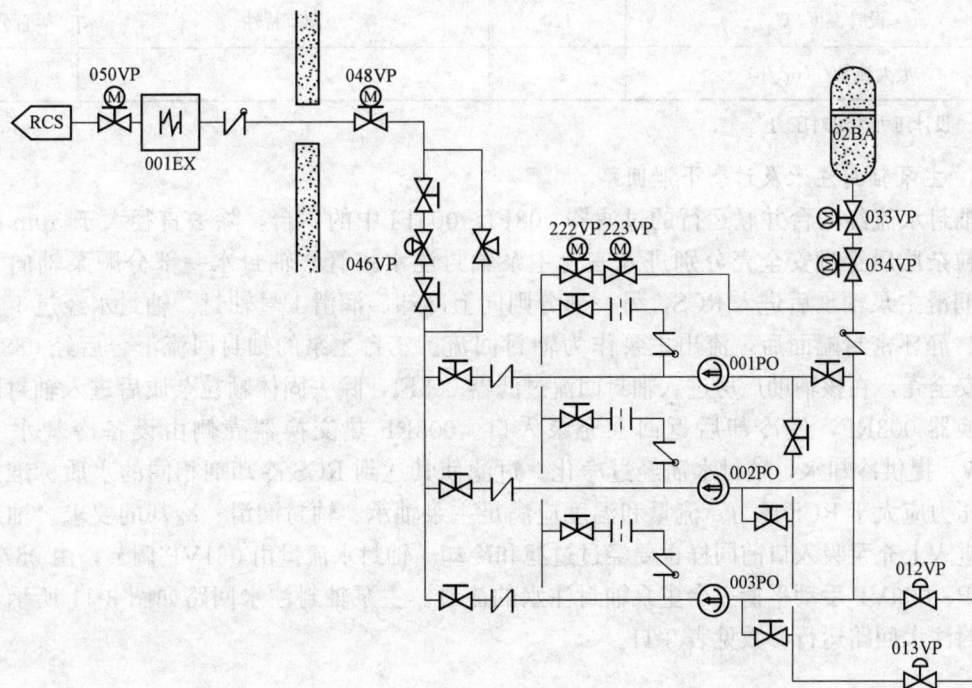

图 3-10 上冲泵及管线

35

表 3-9 上充泵运行参数

运行参数	数值	运行参数	数值
设计压力/MPa	21.2	关闭扬量/m	1830
设计温度/℃	120	最大流量时扬量/m	500
额定流量/(m³/h)	34	最大流量时所需净吸水压头/m	11.8
额定压头/m	1767	最大入口压力/MPa	2.2
最大/最小流量/(m³/h)	148/13.6	吸水温度/℃	46

注 表中出现压力均为绝对压力。

（3）上充流量调节阀 046VP。利用上充流量调节阀可自动调节上充流量，使稳压器水位维持在随冷却剂平均温度而设定的整定水位上。调节信号来自稳压器控制系统。上充流量被限制为 5.5～25.6m³/h，以防流量过大。若流量过大，上充泵出口水压偏低，不足以给主泵轴封注水提供足够大的压力；若流量过小，不能冷却再生热交换器壳侧的下泄流热水。上充流冷却剂经 046VP 调节流量后，穿回安全壳，进入再生热交换器管侧被下泄流加热。正常运行时，上充流于再生热交换器中被下泄流加热到 260℃后进入 RCS 冷管段，为稳压器提供辅助喷淋水。上充流量调节阀运行参数见表 3-10。

表 3-10 上充流量调节阀运行参数

运行参数	数值	运行参数	数值
设计压力/MPa	20.4	最大流量压差/MPa	0.2
设计温度/℃	120	调节特性	等百分比
最大流量/(m³/h)	25		

注 设计压力为绝对压力。

4. 主泵轴封注水及过剩下泄回路

轴封水流经两台并联运行的过滤器 003FI、004FI 中的一台，除去直径大于 5μm 的固体颗粒杂质后穿过安全壳分别进入三台主泵轴封注水接管。轴封水一部分顺泵轴向下冷却、润滑主泵轴承后进入 RCS，另一部分则向上冷却、润滑 1 号轴封。轴封水经过 1 号轴封动、静环密封端面后，流出主泵作为轴封回流。三台主泵的轴封回流汇合后经 088VP，穿出安全壳，在核辅助厂房进入轴封回流过滤器 005FI，除去固体颗粒杂质后进入轴封回流热交换器 003RF，经冷却后返回上充泵入口。003RF 热交换器壳侧由设备冷却水系统（CCW）提供冷却水，轴封水需经过净化、过滤使其达到 RCS 冷却剂相同的水质标准。轴封水压力应大于 RCS 压力，流量和温度应满足主泵轴承、轴封润滑、冷却的要求。轴封回流在进入上充泵吸入口前同样也要经过过滤和冷却。轴封水流量由 061VP 调节，由 067VP、068VP、069VP 手动平衡三台主泵轴封注水的流量。主泵轴封注水回路如图 3 11 所示，主泵轴封注水回路运行参数见表 3-11。

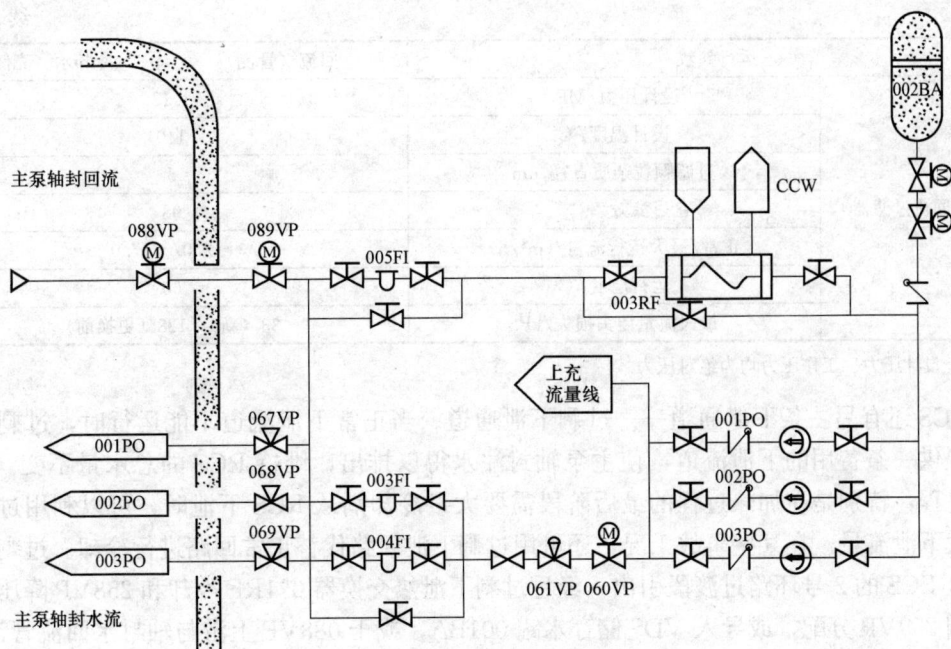

图 3-11 主泵轴封注水回路

表 3-11 主泵轴封注水回路运行参数

运行参数		回流（管侧）	冷却水（壳侧）
三台泵轴封注水流量/(m³/h)		5.4	
轴封水注入 RCS 流量/(m³/h)		3.3	
回流热交换器	设计压力/MPa	1.13	1.13
	设计温度/℃	110	93
	运行流量/(m³/h)	~1.9	~2.49
	进口温度/℃	61.5	35
	出口温度/℃	47	46
	工作压力/MPa	0.4~0.5	~0.8
	压头损失/kPa	68	108
	传热量/kW	~32	~32
轴封注水过滤器	设计压力/MPa	19	
	设计温度/℃	93	
	过滤颗粒杂质直径/μm	5	
	过滤效率/%	98	
	正常/最大运行流量/(m³/h)	5.4/8.5	
	正常/最大运行温度/℃	54/60	
	最大流量压头损失/kPa	33（新），138（更换前）	

续表

运行参数		回流（管侧）	冷却水（壳侧）
轴封回流过滤器	设计压力/MPa	1.13	
	设计温度/℃	110	
	过滤颗粒杂质直径/μm	5	
	过滤效率/%	98	
	正常/最大运行流量/（m³/h）	～2.0/～17.0	
	运行温度/℃	60	
	最大流量压头损失/kPa	33（新），138（更换前）	

注 设计压力、工作压力均为绝对压力。

RCS 还有另一条下泄通道——过剩下泄通道。当正常下泄流道不能运行时，过剩下泄通道提供一条备用的下泄流道，使主泵轴封注水得以排出，维持 RCS 的总水量不变。RCS 加热过程，特别是在加热过程的最后阶段需要大量冷却剂从 RCS 下泄时，可以利用过剩下泄加大下泄流量。在某些事故工况，还可用过剩下泄回路代替正常回路进行冷却。过剩下泄回路从 RCS 的 2 号环路过渡段引出，经过过剩下泄热交换器 021RF 冷却和 258VP 降压后由三通阀 259VP 分配，或导入 VDS 储存水罐 001BA，或于 088VP 上游与轴封水回流管汇合，穿出安全壳，通过 003RF 轴封水热交换器到达上充泵入口。过剩下泄热交换器壳侧由 CCW 提供冷却水。过剩下泄回路如图 3-12 所示，过剩下泄回路运行参数见表 3-12。

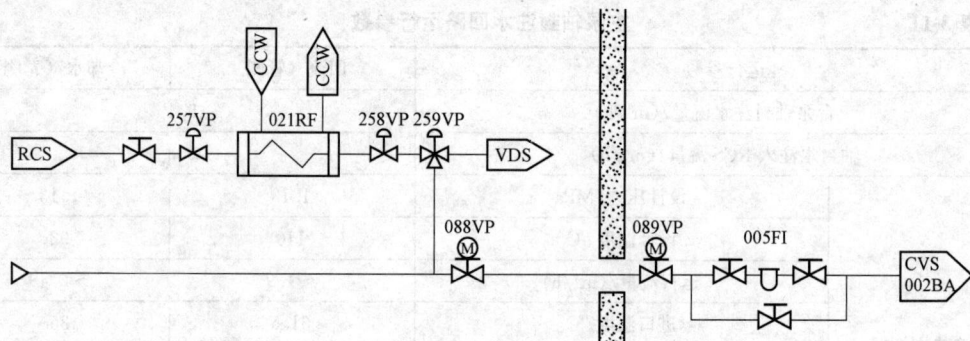

图 3-12 过剩下泄回路

表 3-12 过剩下泄回路运行参数

运行参数	数值	
过剩下泄流热交换器	下泄（管侧）	冷却水（壳侧）
设计压力/MPa	17.2	1.13
设计温度/℃	343	93
运行流量/（m³/h）	3.38	～50
进口温度/℃	292	35
出口温度/℃	54	52
工作压力/MPa	1.6	0.8
压头损失/MPa	0.35	0.116
传热量/kW	～933	～933
降压阀 259VP 降压后压力/MPa	～0.5	

注 设计压力、工作压力均为绝对压力。

五、系统控制

1. 下泄管线的隔离和投运

（1）当稳压器出现低水位（LOW3）时，将自动关闭压缩空气气动阀 002VP、003VP、007VP、008VP、009VP，隔离下泄管线，以停止 RCS 下泄。其中 007VP、008VP、009VP 关闭时间比 002VP、003VP 短，即先于 002VP、003VP 关闭，这是为了避免回流冷却剂在再生热交换器 001EX 中出现汽化。在控制逻辑上做到：打开或关闭 002VP、003VP 必须在 007VP、008VP、009VP 处于关闭状态，否则操作无效；打开 007VP、008VP、009VP 必须在 002VP、003VP 处于开启状态，否则操作无效，且存在自动关闭信号。

（2）当下泄热交换器 002RF 下游温度传感器测得冷却剂温度达到 57℃时，三通阀 017VP 即旁路净化回路，将下泄冷却剂直接排向容积控制箱，并发出报警信号。当 002RF 热交换器下游冷却剂温度异常升高，该处两个温度传感器同时测得冷却剂温度达到 109.5℃时，触发温度高－高定值继电器，指令 002、003VP 自动关闭，以避免在 013VP 降压时出现汽化。

（3）003VP、010VP 作为安全壳内、外侧隔离阀，在出现安全壳阶段 A 隔离（containment isolation of A，CIA）信号时将自动关闭。

（4）010VP 未全开时，闭锁阀 003VP、007VP、008VP、009VP 开启。若被闭锁的阀原来处于开启状态，则此时将自动关闭，以避免由于 010VP 关闭引起下泄孔板下游超压。

上充管线压力过低，或上充管线 048VP 关闭，或进入 RCS 上充阀 050VP 和进入稳压器辅助喷淋阀 227VP 同时关闭，则 007VP、008VP、009VP 自动关闭，这是用以防止再生热交换器管侧上充低温冷却剂断流或流量过低造成下泄冷却剂温度过高并于下泄孔板下游汽化。

2. 下泄管线的温度控制

再生热交换器 001EX 下游冷却剂温度升至 195℃时，高温信号报警，提醒主控室操纵员立即处理，以避免下泄孔板下游出现汽化。

下泄热交换器 002RF 下游温度传感器信号输出，经比较及控制系统转换后用于调节 002RF 热交换器壳侧 CCW 出口阀开度，使 002RF 下游下泄冷却剂温度维持在较低温度（约为 46℃），避免 013VP 降压时冷却剂汽化，并保护净化回路离子交换树脂温度低于限值温度 60℃。

3. 013VP 的调节

（1）正常调节模式。正常运行工况下，稳压器两相运行，013VP 用以调节下泄孔板下游的压力，维持一定的下泄流量和防止孔板降压后冷却剂气化。其控制信号来自下泄孔板后的压力测量传感器。

（2）特殊调节模式。在稳压器单相满水运行工况时，013VP 用来调节 RCS 压力，防止压力过低（主泵要求）和过高（RHRS 安全阀要求）。其控制信号来自 RHRS 泵上游 RCS 的压力测量传感器。

以上两种模式的转换依靠控制系统选择开关切换来实现。

4. 容积控制箱 002BA 的水位控制

（1）030VP 的控制。容积控制箱水位在 49%（1.46m）时，030VP 向 BRS 的开度为零，而向 CVS 容积控制箱的开度为 100%；当容积控制箱水位高达 63%（1.65m）时，

030VP 向 BRS 的开度为 100%，而向容积控制箱的开度为零；水位为 49%～63% 时，三通阀 030VP 按比例向两边分配下泄流量。

（2）RBM 的自动补给。当 002BA 容积控制箱水位降低到 24%（1.12m）时，自动补给投入；水位升高到 37%（1.30m）时，自动补给停止。

（3）容积控制箱水位低至 5% 时的动作。当 002BA 水位低至 5%（0.87m）时，安全注射系统（SIS）012VP、013VP 自动打开，CVS033VP、034VP 自动关闭，上充泵从 SF-PC001BA 取水补入 CVS；水位回升到 10%（0.94m）时，操纵员可打开 033VP、034VP，关闭 SIS 012VP、013VP。

5. CVS 的安全阀控制

（1）安全阀 201VP。保护从下泄孔板到 013VP 之间的下泄管段。绝对压力整定值为 4.4MPa，额定流量 52m³/h（略大于三组下泄孔板全开流量），释放流体排向 RCS 卸压箱。

（2）安全阀 203VP。保护从 013VP 到容积控制箱 002BA 之间的下泄管段。压力整定值等于净化回路设计压力 1.48MPa，额定流量 41.4m³/h，释放流体排向容控箱 002BA。

（3）安全阀 214VP 和 114VP。保护容积控制箱 002BA。214VP 压力整定值 0.438MPa，额定流量 27.8m³/h；114VP 压力整定值 0.5MPa，额定流量 27.8m³/h。释放流体排向 BRS 的前置水箱。

（4）安全阀 384VP。保护位于核辅助厂房内 CVS 到 RHRS 回水管段。压力整定值 1.1MPa，额定流量 3m³/h。释放流体排向 VDS。

（5）安全阀 252VP。保护轴封回水管线及过剩下泄管线安全壳内部分。压力整定值 1.03MPa，额定流量 17.15m³/h，释放流体排向 RCS 卸压箱。

（6）安全阀 224VP。保护轴封回水管线安全壳外部分。压力整定值 1.13MPa，额定流量 27.2m³/h。释放流体排向容积控制箱。如果安全阀 224VP 打开引起安全阀 214VP 打开，那么释放流体还会排向 BRS。

6. 上充泵的控制

上充泵在 RCS 稳压器单相运行工况时，维持 RCS 压力；在启动阶段用于向 RCS 充水并升压；在正常运行稳压器双相运行工况时，通过 CVS 046VP 调节稳压器水位，并提供主泵轴封水；出现安全注射信号后，上充泵则成为高压安全注射泵运行。由于安全注射泵较重要，且核安全等级较高，故三台上充泵由两列柴油发电机组应急电源供电，其中上充泵 001PO 在一列，上充泵 002PO、003PO 在另一列应急电源上。考虑到全厂断电时，同一应急机组不能承受两台上充泵同时运行，故实际操作中对 002PO、003PO 采用闭锁管理，以限制这两台泵同时启动运行。正常情况下，002PO、003PO 中的一台电机电源开关被闭锁在"断开拉出"位置，只有在另一台处于"断开拉出"位置后，该台泵电源开关才能解除隔离，推至工作位置。正常运行时，三台泵一台工作，一台备用，但三台泵必须都处于可用状态。

另外，每台上充泵的润滑油系统也必须处于随时可用状态。其辅助油泵电源处在常合状态，每天需启动运行检查 15min。辅助油泵主要用于上充泵启动前和停运后，但上充泵运行中其联轴的齿轮油泵出口油压低于 0.25MPa 时，辅助油泵自启动以提供足够的润滑油压力，避免油压低于 0.16MPa 时引起上充泵自动停运。出现安全注射信号时，则不管润滑油系统是否启动，两台上充泵将作为高压安全注射泵直接投运，执行安全注射功能。

7. 上充管线的控制与调节

调节阀 046VP 正常运行时处于自动状态，由稳压器水位调节系统控制开度。这种情况下调节系统加入两个流量限制值。

（1）最小流量限值 $6m^3/h$，用以维持再生热交换器下泄出口冷却剂温度小于 195℃，避免下泄孔板下游冷却剂汽化。

（2）最大流量限值 $25.6m^3/h$，用以维持主泵轴封水注水流量、压力为允许值。但在发生小破口失水事故（small break loss of coolant accident，SBLOCA）时，可以超过该流量限值，以便补偿 RCS 泄漏，避免安全注射系统启动。

当稳压器水位调节系统失效或必要时，调节阀 046VP 可切换到手动控制状态，此时流量限制功能解除，操纵员根据上充流量显示调整阀门开度。

在安全注射情况下，048VP、050VP 用于隔离上充管线，以保证最大安全注射流量从安全注射管线注入 RCS。

在 RCS 主泵全部停运时，稳压器失去正常喷淋水，此时必须利用辅助喷淋系统调节 RCS 压力。为保证辅助喷淋流量，050VP 必须关闭，227VP 打开，仍用 046VP 调节喷淋流量。为避免辅助喷淋导致严重的热冲击，辅助喷淋流量应控制得尽量小。

8. CVS 对安全注射信号和 CIA 信号的响应

（1）对安全注射信号的响应。CVS 有能力补偿当量直径为 10.4 mm 的 RCS 小破口事故。在此工况，反应堆紧急停闭，利用 RBM 和 CVS 对 RCS 的泄漏和冷却收缩进行补偿，隔离下泄回路或稳压器水位下降至 14% 后自动关闭下泄流。

当 RCS 破口使 CVS 不能进行补偿时，安全注射系统动作。在这种工况下，第二台上充泵投入运行。上充泵入口切换到乏燃料水池的冷却和处理系统（spent fuel pool cooling system，SFPC）换料水箱，打开安全注射系统 012VP、013VP，关闭 033VP、034VP。另外，低压安全注射泵启动及其阀 077VP、078VP 打开，以提高高压安全注射泵的入口压力。上充泵最小流量旁路循环管线隔离（关闭 222VP、223VP）。关闭 048VP、050VP 隔离上充回路，以保证有足够的流量通过安全注射管线注入 RCS。安全注射时，RCS 主泵轴封注水仍得到保证。

（2）对 CIA 信号的响应。当出现安全壳阶段 A 隔离信号（CIA）时，下泄管线隔离阀 003VP、010VP 自动关闭，主泵轴封回水管线隔离阀 088VP、089VP 自动关闭，CVS 至 RHRS 的净化回水管线隔离阀 367VP 也自动关闭。但主泵轴封水注射管线和上充管线不进行关闭隔离。

六、运行

1. 正常运行

正常稳态运行时，下泄流从 RCS 冷管段引出，经再生热交换器将热量传给上充回路的冷却剂。下泄流温度从 292℃降至 140℃，经下泄孔板降压，压力从 15.5MPa 降至 2.4MPa。然后下泄流经下泄热交换器进行二次冷却，使下泄流温度降至 46℃，再经调节阀 013VP 二次降压至 0.22MPa。降温、降压后的下泄冷却剂经净化回路进入容积控制箱，再由上充泵把冷却剂送入再生热交换器管侧加热，最终注入 RCS 冷管段。此时，CVS 完成反应堆及 RCS 容积控制、化学控制、反应性控制和向主泵轴封的供水。CVS 至 RHRS 返回管线则保持开启状态，使 RHRS 处于充满水状态。

运行中根据 RCS 水中氢浓度的分析结果调节注氢管线减压阀，用以调节容积控制箱内氢气压力。根据容积控制箱内裂变气体浓度分析结果，决定容积控制箱向 VDS 排放气体的频率和数量，容积控制箱注氢除气原理如图 3-13 所示。

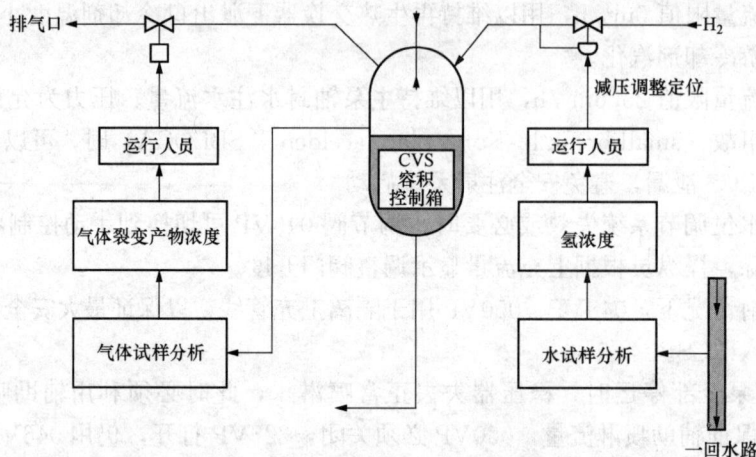

图 3-13　容积控制箱注氢除气原理

正常运行中，调硼选择开关处于补给状态，当容积控制箱发出低水位信号时，即触发 RBM 向上充泵吸入口自动补给。运行人员事前应根据 RCS 冷却剂硼浓度给出硼酸和纯水的流量整定，以便混合后达到 RCS 冷却剂实际的含硼浓度。RCS 调硼原理如图 3-14 所示。

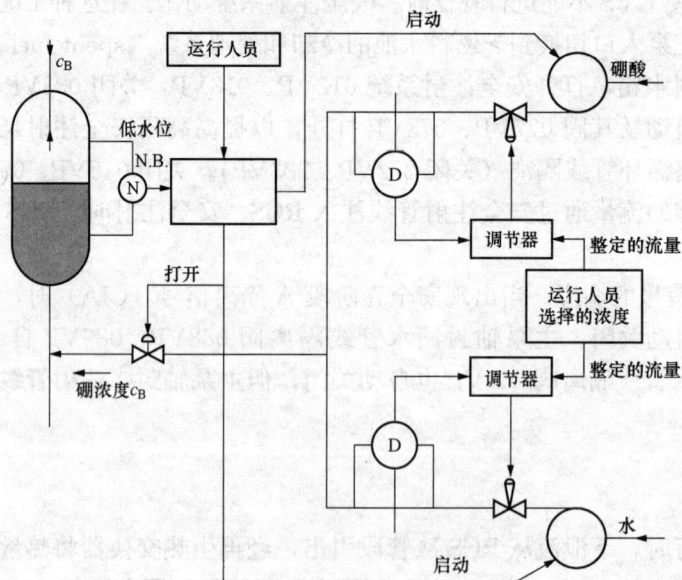

图 3-14　RCS 调硼原理

在需要加硼时，将调硼选择开关置于加硼位置，给定加硼流量和加硼量整定值后即可自动加硼，其所加硼浓度一般为 $7000\mu g/g$（4％硼酸溶液）。在需要稀释时，将调硼选择开关置于稀释位置，给定进水流量和进水量后即可自动稀释。加硼和稀释过程中，运行人员可随时停止其自动，停止加硼或稀释。所加硼水和稀释用纯水由 RBM 提供。运行中如需除硼，则运行人员可将下泄流冷却剂从净化回路离子交换器后的三通阀 026VP 引出，使其进入 BRS 除硼离子交换器，除去冷却剂中的硼，然后返回至净化回路出口过滤器 002FI 的上游，经过滤后进入容积控制箱。

负荷变化时，引起的水量变化大部分由稳压器吸收，容积控制箱提供一小部分补偿能力。当容积控制箱水位上升时，三通阀 030VP 按控制要求分流一部分下泄冷却剂至 BRS。容积控制箱高水位时，下泄流全部进入 BRS。容积控制箱水位下降到低水位时，自动启动 RBM，使容积控制箱水位恢复正常。如果反应堆在一个新的功率水平下运行较长时间，则必须对 RCS 冷却剂硼浓度做相应调整，以补偿由于温度等变化引起的反应性变化。

2. 热停堆和冷停堆

（1）热停堆。热停堆时 CVS 与正常运行状态相同，仅需根据停堆时间来调整冷却剂中硼的浓度。

（2）冷停堆。RCS 降温、降压之前，使 RCS 冷却剂达到所需冷停堆的硼浓度，其加硼操作与正常运行时相同。在加硼期间，开启两组下泄孔板，使下泄流量达到最大值。如需进入换料或维修冷停堆状态，则必须除去冷却剂中氢。首先通过定期排放容积控制箱内气体至 VDS 除氢。然后在 RHRS 投入运行后，由三通阀 030VP 把冷却剂引向 BRS 进行除氢。除氢时应使下泄流达到最大。

RCS 的冷却降温，最初通过二回路汽轮机旁路系统进行。冷却剂温度下降体积收缩，需靠增大上充流量来维持稳压器水位。水的补充由 RBM 根据容积控制箱水位自动补给。此时下泄流量及主泵轴封水流量保持在正常值；同时手动控制稳压器压力，使 RCS 压力降至 2.8MPa。

当 RCS 降温至 180℃、降压至 2.8MPa 后，投入 RHRS。在低压下对 RCS 进行第二阶段降温、降压。此时 RCS 冷却剂从 RHRS 管线下泄，于 CVS 下泄孔板下游进入下泄热交换器。由于此时稳压器内汽腔可能消失，为避免 RCS 超压，正常下泄管线仍处于开启状态。上充泵仍保持运行，以补偿 RCS 冷却剂体积的收缩。当稳压器内汽腔完全消失时，RCS 压力由下泄控制阀 013VP 控制。RHRS 运行时，冷却剂仍通过净化回路进行净化。此时还需保证主泵轴封水的供应。

当 RCS 冷却剂温度降至 90℃ 时，进入冷停堆状态。但如果需要对设备进行维修或换料，RCS 冷却剂还需进一步降温至 60～70℃，即进入维修或换料冷停堆状态。冷却剂温度降至 70℃ 后，可停止最后一台主泵运行。RCS 由调节阀 013VP 继续降压，当压力降至 0.3～0.4MPa 时，停止上充。此时净化后的冷却剂通过 CVS－RHRS 返回管线进入 RCS，而不再通过容积控制箱和上充泵进入 RCS，净化流量约为 20m³/h。主泵轴封靠容积控制箱的气压和位差供水，但轴封回流管线隔绝。

3. 启动

RCS 充水通过 CVS 上充泵及上充管线进行，由 RBM 按冷停堆冷却剂硼浓度要求供水。如压力壳曾开盖，RCS 处于完全卸压状态，则首先对 RCS 进行重力充水排气。关闭排气阀后，用下泄压力调节阀 013VP 控制 RCS 压力，并逐步调整三台主泵的轴封水流量。当 RCS 压力上升到 2.4MPa 后，间歇地启、停各主泵，将蒸汽发生器 U 形管上部气体赶至 RCS 各排气口。然后系统卸压，再次进行动力排气。排气结束后，将 RCS 压力重新升至主泵最小工作压力，启动主泵，投入稳压器电加热器，使 RCS 升温升压。由 RHRS 将升温速度控制为不大于 28℃/h。此时净化回路已处于运行状态，轴封水流量维持在正常值。

在升温过程中，需对冷却剂进行除氧。首先反复进行充氮除氧，其方式是先进行容积控制箱充水排气，使容积控制箱内充满水。然后在关闭排气阀后将容积控制箱内水逐步排空，使箱内水在负压下逸出气体。之后再充入氮气，再次升高水位排气，如此重复进行除氧。

RCS 冷却剂温度升至 90～120℃时，根据需要添加氢氧化锂和联氨，以调整 pH 值和除去水中的溶解氧。水质合格后，在容积控制箱内充氢气以保证水中有一定浓度的氢。添加氢氧化锂和联氨化学药物，在容积控制箱下游上充泵吸入口注入。

当稳压器内温度达到相应压力下的饱和温度时（2.6MPa，226℃），稳压器内开始产生气泡，此时下泄控制阀 013VP 投入自动，上充流量调节阀处于手动，逐步减少上充流量。当稳压器达到零功率液位时，稳压器投入自动控制。

RCS 冷却剂温度升至 180℃时，逐步减少 RHRS 的低压下泄流量，增大正常下泄管线的流量，直至关闭低压下泄阀 310VP。手动调节稳压器压力使之升高，当 RCS 压力达到 8.5MPa 时，隔离一组下泄降压孔板。此期间冷却剂被连续净化，三台主泵轴封水流量被调整在正常范围。

在 RCS 冷却剂升温过程中，冷却剂体积膨胀依靠 CVS 下泄吸收。此时下泄流很大，上充流量则在最小状态，而升温末期下泄冷却剂温度已很高（超过 193℃限值），容易造成再生热交换器冷却不充分，冷却剂在下泄孔板下游汽化。这种情况下，过剩下泄管线可投入运行，以减轻再生热交换器的负担。过剩下泄管线的投运依靠再生热交换器下泄冷却剂出口温度达到 193℃的温度信号指令。

RCS 达到热停堆状态（15.5MPa，292℃）时，隔离另一条下泄降压孔板，使下泄流量达到正常值。反应堆升功率前，必须对冷却剂进行硼稀释，以补偿氙毒的积累。

4. 事故工况

（1）下泄管道破裂包括：①下泄降压孔板上游管道破裂，泄漏量非常大，稳压器水位迅速下降导致自动隔离下泄管线；②下泄降压孔板下游管道破裂，由于孔板节流，泄漏较小，需手动隔离下泄管线。

管道破裂泄漏会使厂房内放射性辐射水平大大提高。上充泵继续运行，容积控制箱水位下降会导致 RBM 连续向 CVS 补水。隔离下泄管线后，需隔离上充管线，开通过剩下泄管线，上充泵继续运行给主泵提供轴封水。反应堆进入热停堆状态，如果泄漏过大，引起上充泵空蚀或影响主泵轴封供水时，反应堆进入冷停堆状态。

（2）上充管道破裂。上充管道破裂，上充泵出口压力下降，下泄管线自动隔离，上充流量不正常，容积控制箱水位下降引起连续补水。此时应隔离管道破裂部分，投入过剩下泄，维持轴封水供应，根据情况决定反应堆进入热停堆或冷停堆状态。

（3）轴封注水管破裂。轴封注水管破裂时，轴封水流量下降，轴封注水过滤器压差升高，并报警。此时应隔离相应管线，反应堆进入冷停堆状态。

（4）轴封回流管破裂。轴封回流管破裂，容积控制箱水位下降导致连续补水，水位继续下降最终导致上充泵自动从容积控制箱切换到换料水箱吸水。此时应隔离轴封回流和上充泵旁通小流量管线，反应堆进入冷停堆状态。

第二节 硼和水补给系统

反应堆硼和水补给系统（RBM）是化学和容积控制系统（CVS）的支持系统，为 CVS 主要功能的实现起辅助作用。同时，反应堆 RBM 还有多项附加功能。

一、系统功能

RBM 的主要功能是储存和供应反应性控制、容积控制和化学控制所需要的各种流体。当 CVS 进行容积控制时，为反应堆 RCS 提供经净化除气的水和硼酸溶液；当 CVS 进行化学控制时，为其配制和注入化学药物联氨和氢氧化锂；当 CVS 进行反应性控制时，为其提供不同浓度的含硼水或纯水。

RBM 的其他辅助功能还有：

（1）为 RCS 三台主泵的 3 号轴封及其平衡立管供水。

（2）为 RCS 卸压箱提供喷淋冷却水。

（3）为 SIS 硼缓冲箱 021BA 提供 $7000\mu g/g$ 硼浓度的初始充水和补水。

（4）为反应堆换料水池和乏燃料水池的冷却和处理系统（SFPC）的换料水箱 001BA 提供 $2200\pm100\mu g/g$ 硼浓度的初始充水和补水。

（5）为 CVS 容积控制箱（002BA）充水，以进行扫气。

二、系统结构和流程

硼和水补给系统结构如图 3-15 所示，RBM 的溶液主要分成水和硼酸溶液两大部分，其主要向 CVS 提供纯水、硼酸溶液和化学药物。为便于理解掌握 RBM 原理，可将 RBM 分解为补水回路、硼补充回路、硼酸配制回路和化学添加剂制备回路 4 部分。

1. 补水回路

补水回路包括两个经过净化除气的纯水储存箱（001BA、002BA，供两个机组公用）和四台纯水输送泵（每个机组各二台，001PO、002PO）。两个储水箱的容积均为 $300m^3$，水源主要来自 BRS 回收的经过净化除氧和蒸发冷凝的 RCS 冷却剂。正常运行时，一个储存箱对两个机组供水，另一个储存箱则处于充水或备用状态。一个储存箱的水容积足以保证机组在运行寿期末（冷却剂硼浓度约为 $50\mu g/g$），从冷停堆状态启动至额定功率时稀释所需的水量。当储存箱初次充水或 BRS 供水不足时，可由核岛除盐水分配系统（nuclear island demineralized water distribution system，NDWD）经辅助给水系统（auxiliary feedwater system，AFS）的除氧器除气后供水。为避免箱内纯水与空气接触含氧量增加，水箱顶盖采用浮顶式结构。两个水箱均配有监测水位、温度的测量仪表。

RBM 为每个机组配备两台离心式纯水输送泵（001PO、002PO），每台泵的正常流量为 $27.2m^3/h$，最大流量为 $31m^3/h$，用以提供 CVS 容积控制、反应性控制所需的纯水；提供 RCS 卸压箱喷淋所需的冷水；提供主泵 3 号轴封清洗及其平衡立管的供水；提供添加化学药物所需的供水。

2. 硼补充回路

4% 硼酸浓度（$7000\mu g/g$）的硼酸溶液储存在三个箱内。其中一个储存箱（003BA）为两个机组共用，另外两个储存箱则每个机组各使用一个（004BA）。每个储存箱的有效容量为 $81m^3$。两个储存箱的总水容量足以同时保证一个机组在运行寿期初冷停堆要求的硼酸溶

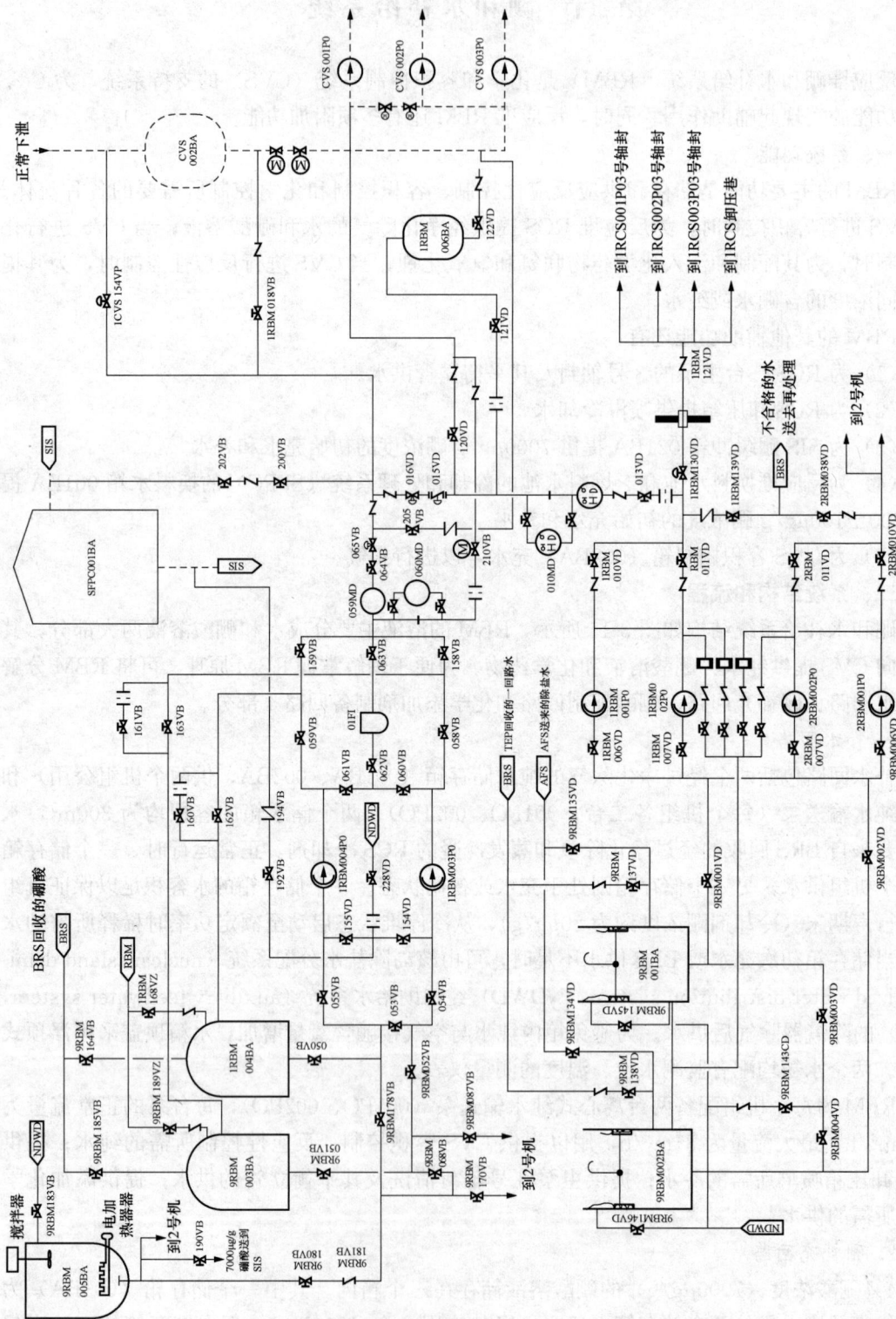

图 3 - 15　硼和水补给系统结构

液量（32.64m³）和另一个机组在运行寿期末的换料冷停堆所要求的硼酸溶液量（91.79m³）。4％硼酸浓度（7000μg/g）的硼酸溶液来自 BRS，硼酸溶液供应不足时由硼酸溶液配制箱（005BA）中制备的 4％硼酸新溶液来作为补充。为防止储存箱内硼酸溶液与空气接触，混入溶解气体，增加含氧量，储存箱内都充以氮气，氮气压力保持为 0.12～0.17MPa。

每个机组设两台硼酸泵（003PO、004PO）向 CVS 提供硼酸，正常流量为 16.6m³/h。硼酸泵除正常电源外，还有柴油发电机应急电源备用。硼酸溶液注入 CVS 上充泵吸入口，然后进入反应堆 RCS。必要时硼酸溶液可先经过滤器 001FI 然后再进入上充泵吸入口。

每个机组的两台硼酸泵与相应硼酸储存箱互为联通，且均设有旁通循环管线，这样可以使储存箱内硼酸浓度均匀，保持管线内溶液的温度，并可互为备用，必要时可对系统各部分进行清洗。

3. 硼酸配制回路

4％硼酸浓度的硼酸溶液是在两个机组共用的硼酸溶液配制箱（005BA）中配制的。配制的方法是将结晶状的硼酸（H_3BO_3）同来自 NDWD 的经除盐而未除氧的水相混（用搅拌器搅拌）。

硼酸在水中的溶解是随温度的增加而增大的，为了配制和储存 4％硼酸浓度的硼酸溶液，必须将水和溶液加热到对应的溶解温度以上。硼酸配制箱装有电加热器，容纳 4％硼酸浓度的硼酸溶液的容器和管线需进行热跟踪和保温。硼酸溶液配制箱（005BA）用来配制 4％硼酸浓度（7000μg/g）的硼酸溶液，并将硼酸溶液送往硼酸储存箱（003BA、004BA）及 SIS 缓冲箱（SIS 021BA）。

此处所说的 4％硼酸浓度是指硼酸（H_3BO_3）在溶液中所占的质量百分比，而相对应的 7000μg/g 则是指该硼酸浓度下硼（包括 B-10 和 B-11 两种同位素）在溶液中所占的质量比。

全部硼酸制备、储存回路所在区域的室温应高于 25 ℃，以防硼酸在低温下结晶析出。硼酸制备箱、储存箱应能满足密封要求，以防硼酸蒸汽排放到环境，空气中的氧溶解于硼酸溶液。

4. 化学添加剂制备回路

在反应堆 RCS 启动和运行过程中，需要通过 CVS 输入联氨以除氧，输入氢氧化锂（LiOH）以调节 RCS 冷却剂水的 pH 值。为此，RBM 中每个机组各配有一个化学药物添加箱（006BA），其容积为 20L。需添加化学药物时，将化学药物手动倒入添加箱内，然后用 RBM 的除盐除氧纯水从箱上部将化学药物冲到 CVS 上充泵的吸入口，由上充泵将化学药物注入 RCS。所用氢氧化锂中 Li-7 同位素的丰度必须超过 99.9％。

三、系统的运行与控制

1. 系统备用状态和泵的启动

反应堆启动前，RBM 处于备用状态时，一台纯水输送泵和一台硼酸泵选择在自动状态，在接到补给信号后即可投运；另一台纯水输送泵和另一台硼酸泵处于手动状态。RBM 补水回路出口调节阀 015VD、016VD，硼酸补充回路出口调节阀 065VB，以及与容积控制箱下游连接管线调节阀 018VB 均处于自动状态；RBM 与 CVS 容积控制箱上游连接管线调节阀 154VP 则处于手动关闭状态。与正常补给相关的手动阀门均打开。RBM 补水回路出口与

RCS、CVS 连接的管线开通，而 RBM 补水回路和硼酸补充回路的旁路管线、与 SFPC 连接的管线则隔离。补水回路和硼酸补充回路出口至上充泵入口连接管线调节阀 120VD 和 210VB 处于关闭状态。

选择在自动状态的纯水输送泵在以下信号作用下自动启动：①"稀释"信号；②由 CVS 容积控制箱低水位触发的"自动补给"信号；③"手动补给"信号；④RCS"主泵 3 号轴封平衡立管低水位"信号。选择在自动状态的硼酸泵在以下信号作用下自动启动：①由 CVS 容积控制箱低水位触发的"自动补给"信号；②"手动补给"信号；③"硼化"信号。

2. 五种正常补给操作

五种正常补给是指慢稀释、快稀释、硼化、自动补给和手动补给。

稀释是指为了降低 RCS 硼浓度，增加压水堆反应性，将硼补充回路隔离（关 065VB，开 015VD、016VD），使除盐除氧水通过 CVS 充入 RCS。如果将水由容积控制箱上游充入，使水进入容积控制箱（开 154VP、关 018VB）就是慢稀释。如果将水同时从容积控制箱上、下游充入 CVS，以获得尽可能快的响应就是快稀释。大亚湾核电站则采用手动隔离 154VP，水由 018VB 充入 CVS 的"稀释"方式。

硼化是为了增加 RCS 硼浓度，降低压水堆的反应性，将补水回路隔离（关 015VD、016VD，开 065VB、018VB），让硼浓度为 7000μg/h 的硼酸溶液注入上充泵入口。

若容积控制箱 002BA 水位低，要求补给与 RCS 相同浓度的硼水，而且补给的启动和停止都由容积控制箱水位控制，此过程称为自动补给。

为了给换料储存水箱 001BA 充水或补水，或者为了提高容积控制箱 002BA 的水位，以便排放箱内的气体，操纵员手动给定经除盐除氧水和硼酸溶液的流量及容量整定值，然后发出启动指令，开始补给。补给达到预先设定的容积时自动停止，或者由操纵员手动停止，此过程称为手动补给。

主控制室控制盘上设有"慢稀释""快稀释""自动补给""硼化""手动补给""启动""停止""灯光试验"的按钮。其中前五个按钮用来选择补给模式，当按下"启动"按钮后，即进行该模式下的补给。但自动补给模式还需获得容积控制箱的低水位信号。需要手动停止补给或更换补给模式，则按"停止"按钮。"灯光试验"按钮用来试验五种补给模式的信号指示灯。

（1）慢稀释。操纵员根据 RCS 原有的硼浓度和需要降低的量，计算出需要注入的除盐除氧水总量。根据稀释速率要求计算出注入水的流量。设定好注水流量及总水量整定值，然后按下"慢稀释"按钮，便同时自动进行以下动作：①启动一台 RBM 纯水输送泵（001PO 或 002PO）；②RBM 015VD 全开，全开后发出允许打开 016VD 信号，流量调节器根据纯水输送泵出口实测流量和整定值控制调节 016VD 的开度；③打开 CVS 154VP；④发出关闭 065VB 指令（正常情况该阀处于关闭位置）；⑤水表经过复零后开始进行注水量计数。当注水量达到设定值时，纯水输送泵自动停止，相应阀门自动关闭。操纵员也可按下"停止"按钮提前结束该过程。

（2）快稀释。快稀释的逻辑控制原理与慢稀释相似，只是在发出"快稀释"指令后，RBM 018VB 和 CVS 154VP 同时打开，以获得更快的响应，其他动作均一样。快稀释时应密切监测 RCS 冷却剂的氢浓度，因为未经过容积控制箱的那部分水不含溶解氢，会使冷却剂氢浓度逐步降低。

"稀释"逻辑控制原理如图 3-16 所示，图中比较器的比较结果为零时产生"0"。

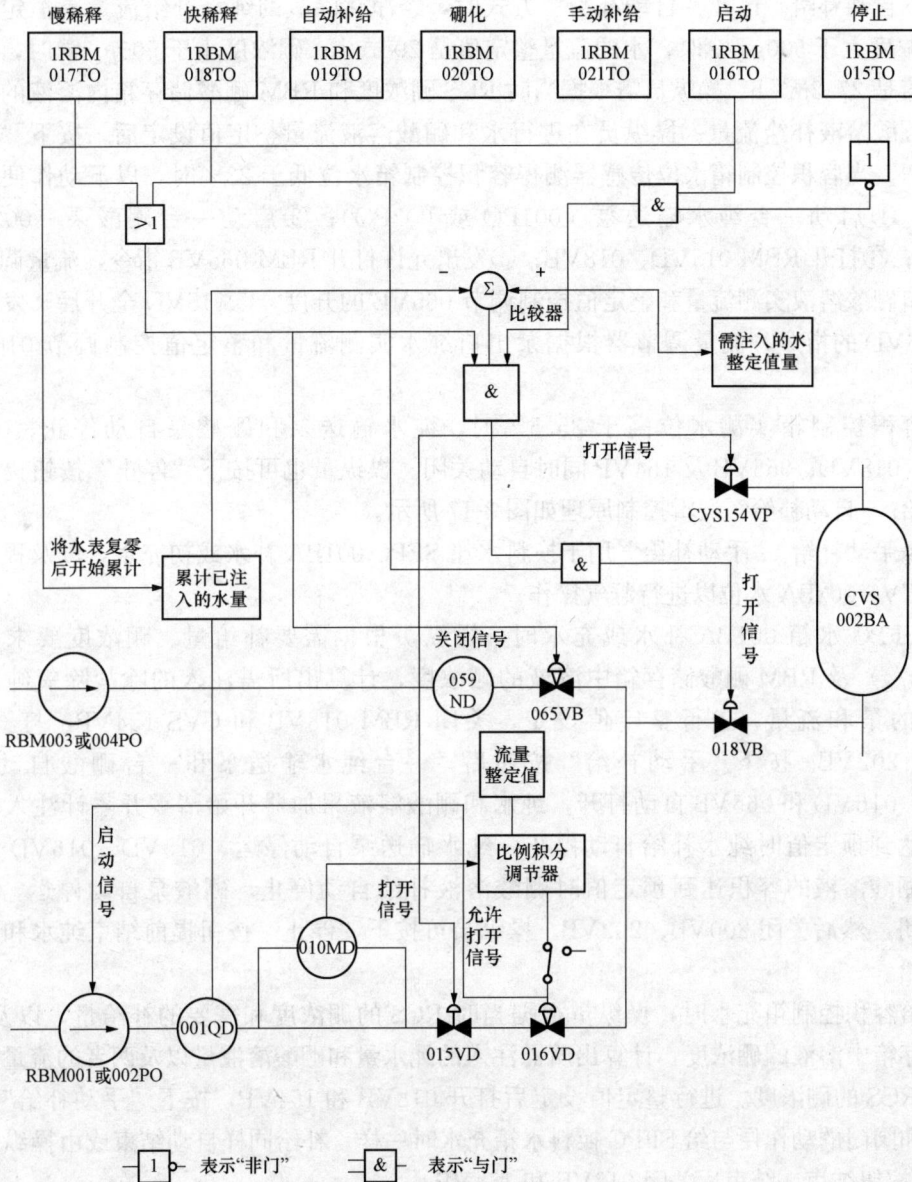

图 3-16 "稀释"逻辑控制原理

（3）硼化。操纵员根据 RCS 原有硼浓度和硼化后预期达到的硼浓度（硼酸储存箱中溶液的硼浓度为 $7000\mu g/g$），计算出需要注入 RCS 的硼酸溶液量；根据硼化速率要求计算出硼酸溶液注入流量，进行整定值设定。然后按下"硼化"按钮，便同时自动进行以下动作：①启动一台硼酸输送泵（003PO 或 004PO）；②发出允许打开 RBM 065VB 指令，流量调节器根据硼酸泵出口实测流量和整定值控制调节 065VB 的开度；③打开 RBM 018VB；④根据硼酸泵出口流量传感器输出，计算硼酸溶液注入量的仪器开始工作。

与"稀释"过程相似,当注入的硼酸溶液容积达到预定值时,硼酸泵自动停止,018VB、065VB 自动关闭。操纵员也可按下"停止"按钮提前结束该过程。

(4)自动补给。选择"自动补给"方式时,经净化除氧的纯水补给流量是恒定的。当 RCS 硼浓度大于 $500\mu g/g$ 时,水的流量整定值是 $20m^3/h$;硼浓度小于 $500\mu g/g$ 时,水的流量整定值是 $27.2m^3/h$。操纵员需根据当时 RCS 硼浓度和 RBM 硼酸储存箱内溶液的硼浓度计算出硼酸溶液补给流量。操纵员在进行水和硼酸溶液流量整定值设定后,按下"自动补给"按钮。当容积控制箱水位传感器测得容积控制箱水位低于 23% 时,以下动作便同时自动进行:①启动一台纯水输送泵(001PO 或 002PO);②启动一台硼酸泵(003PO 或 004PO);③打开 RBM 015VD、018VB;④发出允许打开 RBM 065VB 指令,流量调节器根据泵出口硼酸溶液实测流量和整定值控制调节 065VB 的开度;⑤015VD 全开后,发出允许打开 016VD 的指令,流量调节器根据泵出口纯水实测流量和整定值控制调节 016VD 的开度。

当容积控制箱实测水位高于 35.5% 时,纯水输送泵和硼酸泵自动停止,015VD、016VD、018VD、065VB 及 154VP 同时自动关闭。操纵员也可按下"停止"按钮提前停止自动补给。"自动补给"逻辑控制原理如图 3-17 所示。

(5)手动补给。"手动补给"用于换料水箱 SFPC 001BA 补水或初充水,以及提高容积控制箱 CVS 002BA 水位以进行赶气操作。

当 SFPC 水箱 001BA 补水或充水时,操纵员根据需要补给量、硼浓度要求($2200\pm100\mu g/g$)及 RBM 硼酸储存箱中溶液的硼浓度,计算出所需注入的除盐除氧纯水和硼酸溶液的量和流量,进行整定值设定,关闭 RBM 018VB 和 CVS 154VP,打开 RBM 200VB、202VB。按下"手动补给"按钮后,一台纯水输送泵和一台硼酸自动启动,015VD、016VD 和 065VB 自动打开,纯水和硼酸溶液累加器开始清零并累计注入量。当水容积达到预定值时纯水补给自动停止,纯水输送泵自动停运,015VD、016VD 自动关闭。当硼酸溶液的容积达到预定值时硼酸溶液补给自动停止,硼酸泵自动停运,065VB 自动关闭,然后关闭 200VB、202VB。操纵员可按下"停止"按钮提前结束纯水和硼酸溶液的补给。

当给容积控制箱充水时,操纵员根据当时 RCS 的硼浓度和需要的补给量,以及 RBM 硼酸储存箱中溶液的硼浓度,计算出所需注入的纯水量和硼酸溶液量以及两者的流量,以避免改变 RCS 的硼浓度。进行整定值设定后打开 018VB 和 154VP,按下"手动补给"按钮。此后泵和阀门的动作便与给 SFPC 换料水箱充水时一样。补给同样自动结束或由操纵员按下"停止"按钮结束。结束后关闭 018VB 和 154VP。

3. 其他运行

电站压水堆带功率运行时,RCS 卸压箱 002BA 水温超过 60℃ 时,可用 RBM 的经净化除氧的纯水进行喷淋冷却。这个过程由操纵员开启 RCS 038VD 执行,没有自动启、停信号。

当 RCS 主泵的三个 3 号轴封水平衡立管(011BA、021BA、031BA)中任一个达到低水位阈值时,一台纯水输送泵(001PO 或 002PO)自启动,相应 RBM 和 RCS 阀门自动打开,开始向立管供水。当三个立管都达到高水位阈值时,水泵自动停止,相应阀门自动关闭。

根据运行实践经验,大亚湾核电站已将 CVS 154VP 置于手动关闭状态,电源断开且实

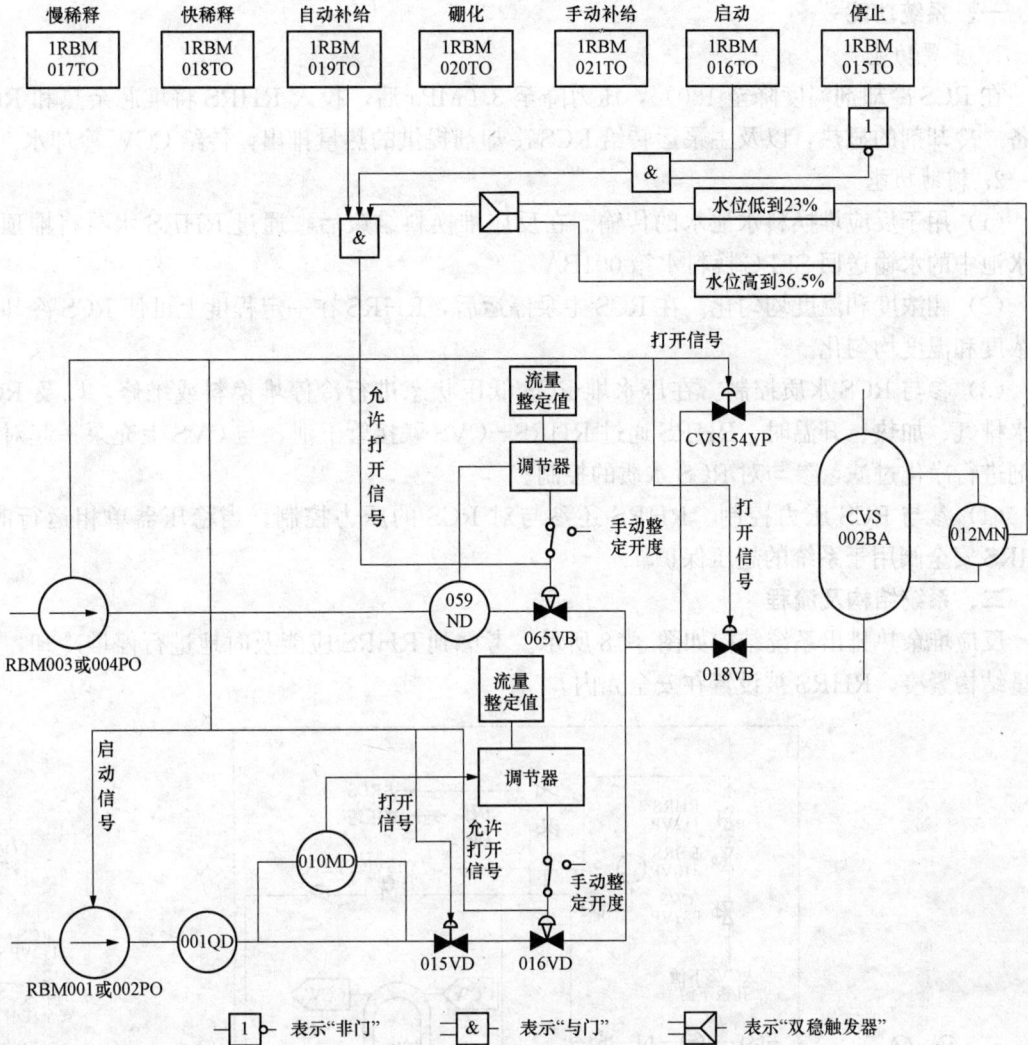

图 3-17 "自动补给"逻辑控制原理

施行政隔离。因此上述五种正常补给方式，凡涉及 154VP 开启、关闭动作的均不复存在。这种更改的目的是避免在进行稀释操作后转入自动补给时，将滞留在 154VP 所在管道内的不含硼纯水充入 RCS，产生意外的稀释。但是不经过 154VP 从容积控制箱顶部喷淋入氢气腔，会使冷却剂氢浓度下降，也应引起重视。

第三节 余热排出系统

反应堆运行时，核反应产生的能量由 RCS 通过蒸汽发生器的二次回路传热导出。反应堆停闭后堆芯由裂变产物产生的剩余功率发热在很长一段时间内仍需要排出。为此，压水堆停堆初期几小时内堆芯余热仍由蒸汽发生器通过二回路以蒸汽形式排出。之后则由余热排出系统（RHRS）来承担，将堆芯热量带出传给设备冷却系统（CCW）冷却水。反应堆余热排出系统因此又称反应堆停堆冷却系统。

一、系统功能

1. 主要功能

在 RCS 冷却剂温度降至 180℃，压力降至 3.0MPa 后，投入 RHRS 将堆芯余热和 RCS 设备、冷却剂的显热，以及主泵运转给 RCS 冷却剂提供的热量排出，传给 CCW 冷却水。

2. 辅助功能

（1）用于反应堆换料水池水的传输。在反应堆换料结束后，通过 RHRS 水泵将堆顶换料水池中的水输送回 SFPC 换料水箱 001BA。

（2）硼浓度和温度均匀化。在 RCS 主泵停运后，RHRS 在一定程度上可使 RCS 冷却剂硼浓度和温度均匀化。

（3）参与 RCS 水质控制。在压水堆 RCS 低压状态进行冷停堆换料或维修，以及 RCS 充水排气、加热、升温时，RHRS 通过 RHRS－CVS 联接管下泄，与 CVS 上充泵一起对冷却剂进行净化过滤，参与对 RCS 水质的控制。

（4）参与 RCS 压力控制。RHRS 还参与对 RCS 的压力控制，当稳压器单相运行时，RHRS 安全阀用于系统的超压保护。

二、系统结构及流程

反应堆余热排出系统结构如图 3-18 所示。考虑到 RHRS 应能及时地进行停堆冷却，并尽量结构紧凑，RHRS 被设置在安全壳内。

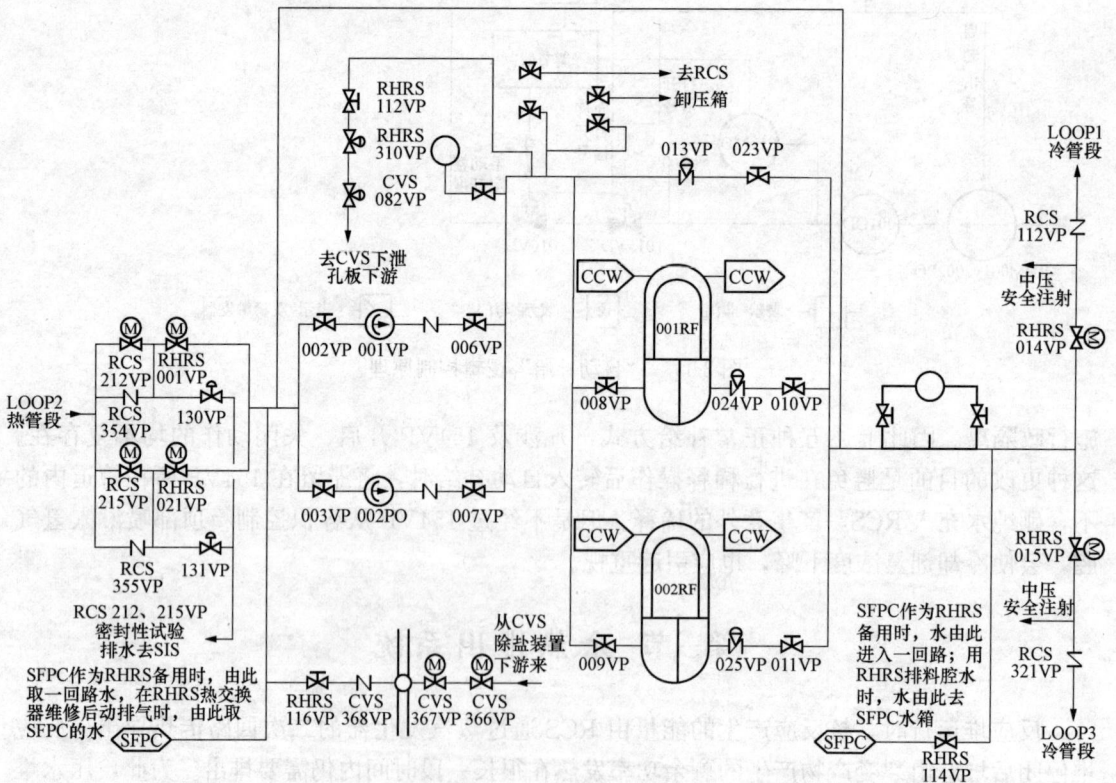

图 3-18　反应堆余热排出系统结构

RHRS 由两台热交换器、两台余热排出泵及有关管道、阀门和运行控制所必需的仪器仪表组成。RHRS 的进水管连接到 RCS 中 2 号环路的热段，回水管连接到 RCS 中 1 号和 3 号环路的冷段。这两根回水管也是安全注射系统（SIS）中压安全注射管线。余热排出泵与 2 号环路热段接管间并列布置有双管线，每条管线上设有两个隔离阀（RCS 212VP、RHRS 001VP 和 RCS 215VP、RHRS 021VP）。每条通向 1 号和 3 号环路冷段的回水管上，各设置一个电动隔离阀和一个止回阀（RHRS 014VP、RCS 121VP 和 RHRS 015VP、RCS 321VP）。

余热排出泵（001PO、002PO）从 RCS 中 2 号环路热段吸入冷却剂，并将冷却剂打入泵出口母管。母管上设置有两个卸压阀组，用以避免 RCS 单相运行时系统超压。卸压阀组卸压时排向 RCS 卸压箱 002BA。余热排出泵出口冷却剂经母管进入两台热交换器（001RF、002RF），热交换器进出口两端设有一条旁路管线。冷却剂经热交换器后汇总，然后一分为二分别与 1 号和 3 号环路冷段的 SIS 中压安全注射管相接，一起进入 RCS。

在热交换器出口总管上引出一条泵的最小流量循环管线，管线上无任何阀门，用于保护余热排出泵，防止泵体过热和丧失吸入流量。热交换器所在管线调节阀 024VP、025VP 用于调节通过热交换器的冷却剂流量，以达到控制 RCS 冷却剂升温、降温速率和控制冷却剂温度的目的。而旁路管线调节阀 013VP 则用来调节总流量并使其保持流量恒定。另外，在余热排出泵出口总管上还引出一条到 CVS 下泄孔板下游的低压下泄管线和一条到 SFPC 的连接管线。在泵吸入口母管上同样有一条来自 CVS 净化回路下游的回水管线和一条来自 SFPC 的连接管线。RHRS 单台热交换器应有足够的能力将带出的热量传给 CCW 冷却水。RHRS 还应能在 RCS 发生小破口以及主蒸汽管道破裂时正常运行，维持将堆芯热量带出。

三、系统主要设备

1. 阀门 RCS 212VP、215VP 和 RHRS 001VP、021VP

这四个电动阀以全开或全关方式运行，其正常位置为"关闭"，传动部分由柴油发电机组应急电源供电。212VP 和 001VP，215VP 和 021VP 两两串联后并联。这样保证了 RCS 和 RHRS 水泵吸入管线之间的隔离。

2. 余热排出泵 001PO、002PO

余热排出泵为单级卧式离心水泵，备有一个用 RCS 冷却剂水润滑的机械密封。水泵由异步电动机带动。每台泵配备有与 CCW 连接的两个冷却系统，即一个热屏水室和一个机械轴密封冷却系统。

3. 调节阀 024VP、025VP、013VP

调节阀 024VP、025VP 用于控制通过相应热交换器的 RHRS 冷却剂流量。操纵员可根据 RCS 冷却剂升温、降温速率或冷却剂温度的需要，设定阀门开度整定值；而调节阀 013VP 则可以自动或手动控制，自动时，根据出口总管流量实测信号，调节阀门开度，使 RHRS 总流量维持在预定值，以保证泵的输出流量恒定。旁路调节阀 013VP 即使在"故障全开"时，仍有相应流量流经热交换器，从而保证堆芯余热排出。

4. 卸压阀组 018VP、120VP 和 115VP、121VP

阀组 018VP、120VP 串联，115VP、121VP 串联。上游阀门 018VP、115VP 起安全卸压作用，称为保护阀；下游阀门 120VP、121VP 起隔离作用，称为隔离阀。卸压阀组用以避免 RCS 和 RHRS 超压。RHRS 正常运行时，保护阀关闭，隔离阀打开。若保护阀动作卸压后不能关闭，此时相应的隔离阀在压力降到其阈值时自动关闭，以免 RCS 过度减压。卸压阀的主要特性见表 3-13。

表 3-13   卸压阀的主要特性

特征参数	数值		
	018VP	115VP	120VP/121VP
开启压力/Pa	(4.5±0.1)	(4.0±0.1)	(3.8±0.1)
关闭压力/MPa	(4.2±0.1)	(3.7±0.1)	(2.5±0.1)
额定流量/(m³/h)	300	248	300

四、系统的运行与控制

1. 备用状态和运行范围

核电站正常运行时，RHRS 处于隔离备用状态。RHRS 隔离备用时，状态如下：①RCS 212VP、215VP，RHRS 001VP、021VP、014VP、015VP、130VP、131VP、114VP 关闭，RHRS 水泵停运；②RHRS 024VP、025VP 被调定在 30% 开度，013VP 全开；③CVS 082VP、310VP 关闭；④CVS 366VP、367VP，RHRS 116VP 打开，RHRS 始终充满水；⑤CCW 冷却水处于备用状态，但与 RHRS 隔离。

RHRS 的运行范围：RCS 压力从大气压到 3.0MPa，冷却剂平均温度为 10～180℃ 的换料或维修冷停堆、正常冷停堆、RCS 单相中间停堆及 RHRS 投运期间的两相中间停堆运行工况。

2. 正常启动

RHRS 的正常启动在反应堆从热停堆过渡到冷停堆的过程中进行。RHRS 投运前 RCS 应具备：①冷却剂平均温度为 160～180℃；②RCS 压力为 2.4～2.8MPa；③RCS 压力若仍大于 2.8MPa，则 RHRS 001VP、021VP 和 RCS 212VP、215VP 均被闭锁不能打开；④RCS压力控制仍由稳压器承担，一台主泵仍在运行。

RHRS 启动主要包括：①系统升压和加热，以避免压力和热冲击，保护 RHRS 的泵和热交换器；②调整硼浓度，以防止在 RHRS 内硼浓度低于 RCS 的硼浓度情况下，发生冷却剂硼浓度误稀释。为了防止对大设备的热冲击以及泵体与叶轮之间由于不同的膨胀而出现相互摩擦或卡死，在 RHRS 014VP、015VP 打开之前，必须将反应堆冷却剂与 RHRS 泵壳之间温差限制在 60℃ 以内。在加热过程中，只允许一台泵运行，不允许两台泵同时通过最小流量循环管线运行。为防止上述泵壳、叶轮间因热膨胀引起摩擦、卡死，两台泵可以交替运行加热。

RHRS 启动的主要操作如下：

(1) 关闭 CVS 366VP、367VP，其保持 RHRS 充满水的使命已完成。

(2) 启动一台 RHRS 水泵，以最小流量管线循环约 10min。打开相应取样管线阀取样，检查 RHRS 内水的硼浓度，关闭取样阀，停止水泵。若 RHRS 内硼浓度低于 RCS，则用 RBM 先给 RCS 加硼，使 RHRS 投入后，RCS 硼浓度不变；若 RHRS 内硼浓度高于 RCS，则不需调整 RCS 硼浓度。硼浓度调整也可与 RHRS 加热同时进行。

(3) 打开 CCW 冷却水管线，开通 RHRS 热交换器冷却水。

(4) 调整 CVS 下泄孔板下游压力至 1.5MPa 后，打开 CVS 082VP、310VP 和 RHRS 112VP，将 RHRS 升压至下泄孔板下游的压力 1.5MPa。

（5）关闭 310VP，以防止打开 RHRS 入口阀时下泄孔板下游压力突然大幅度增加。

（6）打开 CVS 212VP、215VP 和 RHRS 001VP、021VP，使 RHRS 压力与 RCS 相同（此操作必须在冷却剂温度 160℃ 以上进行）。

（7）启动 RHRS 001PO，开始进行 RHRS 的加热。

（8）逐渐增加 CVS 310 开度，直到 CVS 测得下泄流量达到 28.5m³/h，以便引入适量的 RCS 冷却剂，较快地加热 RHRS。

（9）当 RHRS 热交换器上游的温度比加热前升高了 60℃ 时，停运 001PO，30s 后启动 002PO。

（10）当上述温度又升高了 60℃ 时停运 002PO，30s 后再次启动 001PO。

（11）当 RHRS 升温速率低于 30℃/h 后，RCS 与 RHRS 泵壳间温度差认为已小于 60℃（需要验证核对该温差值），此时 RHRS 温度条件已具备，可以打开 014VP、015VP，启动 002PO，将调节阀 013VP 置于自动控制状态。

（12）将 024VP、025VP 阀开度调到 20%，之后可根据降温速率和冷却剂温度控制需要调整 024VP、025VP 开度（开度小于 30% 时发出报警信号）。至此，RHRS 已正式投入运行。

3. 冷却过程中的 RHRS 运行

RHRS 投入运行后，RCS 三台蒸汽发生器至少要有两台的水位仍在窄量程范围内，以便必要时在 1h 内从 RHRS 冷却返回到蒸汽发生器冷却。

在进行稳压器气腔消除操作过程之后，操纵员根据 28℃/h 的降温速率限制，调整 024VP、025VP 的开度，将反应堆冷却到冷停堆状态。正常冷停堆冷却剂平均温度要求为 10～90℃，而换料、维修冷停堆则要求为 10～60℃。冷停堆状态时可以停运一台 RHRS 泵。在冷却过程中稳压器处于两相时，系统由稳压器控制压力；稳压器满水后单相运行时，由 CVS 013VP 控制 RCS 压力，而超压保护由 RHRS 卸压阀实现。RCS 压力超过 3.0MPa 时报警。

4. 加热过程中 RHRS 的运行

在反应堆从冷停堆状态开始加热启动时，RHRS 主要用来控制 RCS 冷却剂的温度。升温速率被限制在 28℃/h 范围之内。RHRS 运行的最高温度是 180℃。在此之前的加热过程中，RHRS 泵一般均处于停运备用状态。CCW 始终供水。当 RCS 冷却剂平均温度达到 120℃ 时，需要启动 RHRS 泵阻止温度升高，进行加药除氧操作。停泵期间通过控制 CVS 上充泵流量来调节 CVS 082VP、310VP 所在管线的流量，以保证 RHRS 泵逐渐加热，防止泵的叶轮与泵壳接触卡住。

5. 正常停运

RHRS 正常停运在反应堆从冷停堆过渡到热停堆的过程中进行。停运的先决条件：①冷却剂平均温度为 160～180℃；②RCS 压力为 2.4～2.8MPa（压力大于 3.0MPa 时报警）；③稳压器已可以控制 RCS 压力，安全阀可用；④至少有两台主泵在运行；⑤蒸汽发生器可用；⑥柴油机应急电源系统、SIS 和安全壳喷淋系统（containment spray system, CSS）可用。

RHRS 停运主要包括 RHRS 的降温降压和压力监测操作。RHRS 停运的主要操作：①停运一台 RHRS 泵，仅留一台 RHRS 泵运行；②关阀 CVS 366VP、367VP，关阀 RHRS

014VP、015VP；③RHRS温度降到120℃时，逐渐减小CVS 310VP开度，直到CVS测得流量约为15m³/h；④当RHRS热交换器上游的温度比原来降低60℃时，停运RHRS泵，30s后启动另一台泵；⑤逐渐关小CVS 310VP，同时降低下泄孔板下游的压力到1.0MPa，以增加经过下泄孔板的流量；⑥当RHRS热交换器上游温度低于50℃时，全关310VP，关闭RHRS入口阀001VP、021VP；⑦打开310VP至10%开度，使RHRS压力降至下泄孔板下游处压力（约1MPa）后关310VP；⑧监测RHRS压力是否上升（15min），如有上升，关212VP检验001VP、关215VP检验021VP通道是否泄漏，RHRS出口阀014VP、015VP因为串有止回阀RCS 121VP、321VP进行隔离，故一般不会泄漏；⑨关闭RCS 212VP、215VP，打开RHRS 001VP、021VP，同样监测15min压力，若压力上升，则用上述检验方法，分别关阀001VP、021VP以检验212VP、215VP通道是否泄漏，检压后RHRS 001VP、021VP和RCS 212VP、215VP全部关闭；⑩打开CVS 310VP至开度10%，以补偿RHRS水的冷却收缩；⑪全开RHRS 024VP、025VP，关闭013VP，以增加流经热交换器的流量，保持RHRS泵运转1h后停运该台泵；⑫一天后关闭CVS 082VP、310VP，以免浪费压缩空气；⑬隔离来自CCW的冷却水，以避免其不必要的压头损失和可能产生的泄漏；⑭将RHRS 024VP、025VP开度调至30%，全开013VP；⑮打开CVS 366VP、367VP以保持RHRS始终充满水。至此，RHRS停运操作结束。

6. 其他运行

（1）用RHRS泵排堆顶换料水池腔的水。压水堆换料后，可以用RHRS水泵将堆顶部换料水池腔的水送回换料水箱（SFPC 001BA）。换料腔的水通过2号环路热段，经RCS 212VP、215VP和RHRS 001VP、021VP进入RHRS余热排出泵（001PO、002PO）。两台泵以大流量沿RHRS 114VP所在管线将水送回到SFPC换料水箱001BA。

（2）RHRS维修后的充水。当反应堆压力壳开盖，冷却剂水位在环路管道中心面以上时，RHRS充水可以靠重力经RCS 212VP、215VP和RHRS 001VP、021VP管线充入（此时RHRS 014VP、015VP应打开）。RHRS充水还可利用SFPC进行，将SFPC 001PO、002PO吸入口与换料水箱001BA连通，输出管与RHRS 114VP所在管线连通，这样可利用SFPC的水泵从换料水箱吸水，充满整个RHRS（RHRS排气阀打开，充满水后关闭）。但是用SFPC充水，一般只在RCS打开、压力为大气压的情况下进行。

RCS压力大于0.1MPa的情况比较特殊，此时可以利用CVS 082VP、310VP所在管线对RHRS进行充水，但要防止下泄孔板下游压力过低引起该处冷却剂气化。

（3）RHRS泵或热交换器维修后的动态排气。RHRS水泵或热交换器管侧排水维修后进行充水时，需要进行动态排气，以便排出泵壳内或热交换器U形管（特别是倒U形管顶部）内的气体。RHRS泵的动态排气只需打开CVS 082VP、310VP，RCS 212VP、215VP及RHRS 001VP、021VP、112VP，打开所维修泵的前后隔离阀，进行充水和静态排气后，启动该泵很快即可完成。热交换器动态排气可开通RHRS与RCS相连接的进出口管线和所维修热交换器的前后隔离阀，启动RHRS泵将气赶入RCS；也可开通泵吸入口及热交换器出口处与SFPC的连接管线，启动RHRS泵，利用换料水箱水进行循环，将气赶入换料水箱。

应该注意的是，RHRS水泵和热交换器的维修一般只在堆芯燃料组件卸出后的安全工况下进行。

7. RHRS 运行小结

核电站正常功率运行时，RHRS 与 RCS 隔离不投入运行，只是将 RHRS 与 CVS 的联接管开通，以保持 RHRS 的"呼吸"作用，防止 RHRS 因温度变化而超压。

反应堆从热停堆到冷停堆的冷却过程中，当 RCS 冷却剂温度降到 $180\sim160℃$，压力降到 $2.4\sim3.0$MPa 时，RHRS 与 RCS 联通，利用 RHRS 水泵和热交换器继续冷却 RCS，采取调节通过热交换器流量的方法来控制冷却速率小于 $28℃/h$。在两个系统联通之前，应调节好 RHRS 的温度和 RCS 的硼浓度，用以防止 RHRS 投入运行时造成 RCS 硼浓度的稀释和对系统设备的热冲击。

反应堆从冷停堆到热停堆的加热过程中，RHRS 投入运行。直到 RCS 冷却剂温度升到 $160\sim180℃$，RHRS 退出运行，与 RCS 隔离。RCS 冷却剂的加热是通过主泵的运转和稳压器中的电加热器来实现的，RHRS 仅用来限制加热速率小于 $28℃/h$。

反应堆换料期间，RHRS 用来维持 RCS 冷却剂温度为 $10\sim60℃$（正常冷停堆工况温度为 $10\sim90℃$）。

RHRS 的控制主要通过手动调节 RHRS 024VP、025VP 来调节通过热交换器的流量，用以满足 RCS 冷却剂温度变化速率的要求，而 RHRS 013VP 的自动调节则用来保持 RHRS 总流量恒定。

思　考　题

1. 一回路的主要辅助系统有哪些？
2. 化学和容积控制系统的主要功能是什么？
3. 化学和容积控制系统是如何实现容积控制的？
4. 简述化学和容积控制系统中化学控制的原理。
5. 硼和水补给系统的主要功能是什么？
6. 硼和水补给系统中的五种正常补给分别是什么？
7. 余热排出系统的主要功能是什么？
8. 余热排出系统一般在什么情况下投入使用？

第四章　专设安全设施

第一节　概　　述

一、核安全及其三要素

核安全就是在核设施设计、制造、运行及停役期间为保护核电厂工作人员、公众和环境免受可能的放射性危害所采取的所有措施的总和。这些措施包括：①保障所有设备正常运行，控制和减少对环境的放射性废物排放；②预防故障或事故的发生；③限制发生的故障或事故的后果。这些措施包括设备、人员及组织管理三方面的内容，即核安全取决于设备的可用性、人的行为、工作组织与管理的有效性。

核电厂安全有辐射防护目标和技术安全目标两个解释性目标，其中辐射防护目标是控制放射性照射程度，技术安全目标是防止发生事故，减轻严重事故发生的后果并降低概率。

对于核电厂而言，只有满足三大要素的要求核安全才能得到保证。核安全的三要素是反应性控制、堆芯冷却和放射性产物的包容，三要素是保护核电厂工作人员、公众和环境免受放射性危害的根本。为实现核安全的目标，在正常运行工况、故障或事故工况下，都要保证这三方面功能的实现。

二、专设安全设施的功能

根据核安全三要素的要求，在核电站的设计中确定了一系列安全功能，实现这些安全功能就能满足安全要求。专设安全设施的设计就是实现这些安全功能的重要手段，这些设施在配置上应用了纵深防御的概念（三道屏障），并相应规定了安全限值。

专设安全设施是指在事故发生以后，确保反应堆紧急停闭、堆芯余热的排出和安全壳的完整性，以便限制事故发展和减轻事故后果的系统。其中，大亚湾核电站的专设安全设施包括安全注射系统（SIS）、安全壳喷淋系统（CSS）、辅助给水系统（AFS）、安全壳和安全壳隔离系统（containment isolation system，CIS）。

具体来讲，专设安全设施的功能如下：

（1）防止放射性物质扩散，保持环境，保护公众和电站工作人员的安全。

（2）当电站出现核泄漏事故中的第三、四级事故时，保证反应堆余热的排出并尽可能地限制裂变产物包容设备及系统的损坏。

（3）发生失水事故时，向堆芯注入含硼水。

（4）阻止放射性物质向大气释放。

（5）阻止安全壳中氢气浓集。

（6）向蒸汽发生器事故供水。

第二节　安全注射系统

安全注射系统如图 4-1 所示，其由高压安全注射、中压安全注射和低压安全注射三个子系统组成。

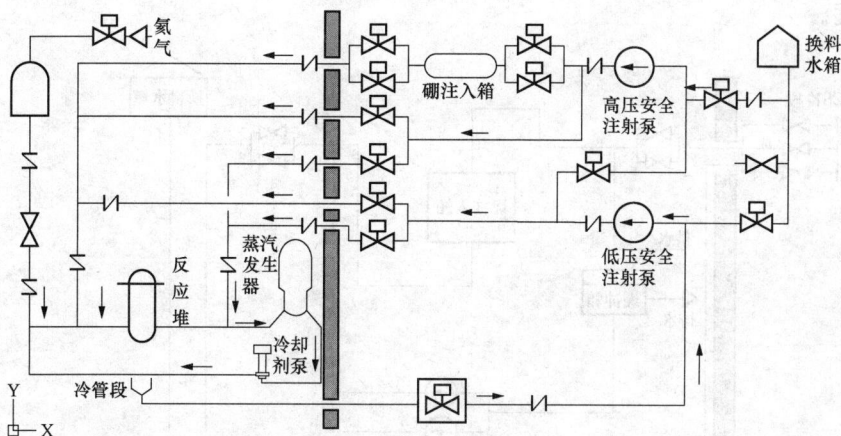

图 4-1　安全注射系统

高压安全注射子系统和低压安全注射子系统为能动注射子系统，具有足够的设备和流道冗余度，即使发生单一能动或非能动故障，仍能保证运行安全的可靠性和连续的堆芯冷却。中压安全注射子系统为非能动注射子系统，包括三条单独的安全注射箱排放管线，每条连接到一个冷却剂环路的冷段上。

一、主要功能

（1）在一回路小破口失水事故时，或在二回路蒸汽管道破裂造成一回路平均温度降低而引起冷却剂收缩时，SIS 用来向一回路补水，以重新建立稳压器水位。

（2）在一回路大破口失水事故时，SIS 向堆芯注水，以重新淹没并冷却堆芯，限制燃料元件温度的上升。

（3）在二回路蒸汽管道破裂时，向一回路注入高浓度硼溶液，以补偿由于一回路冷却剂连续过冷而引起的正反应性，防止堆芯重返临界。

二、系统组成

1. 高压安全注射子系统

在一回路出现小泄漏或二回路蒸汽管道破裂引起一回路温度和压力下降到一定值时，立即投入高压安全注射子系统，以补偿泄漏并注入浓硼酸溶液。高压安全注射子系统如图 4-2 所示，该子系统包括以下主要设备：

（1）高压安全注射泵。高压安全注射泵即 CVS 的三台上充泵。在电厂正常运行时，它们作为 CVS 上充泵用于正常充水，其中一台运行、一台备用、一台在维护。在事故工况下，转入 SIS，由两台泵运行（一台泵在维护），在当时一回路压力下，从换料水箱通过硼注入箱向一回路注水。

高压安全注射泵为卧式多级离心泵，其额定流量为 $34m^3/h$，额定流量下的总压头为 1767m（水柱），轴输入功率（最大）为 650kW。

（2）硼注入箱。硼注入箱位于高压安全注射泵的出口，使用容积 $3.4m^3$。正常运行时其充满硼浓度为 $7000\mu g/g$ 的硼酸溶液。在事故情况下，根据安全注射信号打开隔离阀，由高压安全注射泵将硼溶液注入一回路冷段。

为防止箱内 $7000\mu g/g$ 的硼酸溶液产生硼结晶，硼注入箱绝热并由电加热器加热，以保持适宜温度。

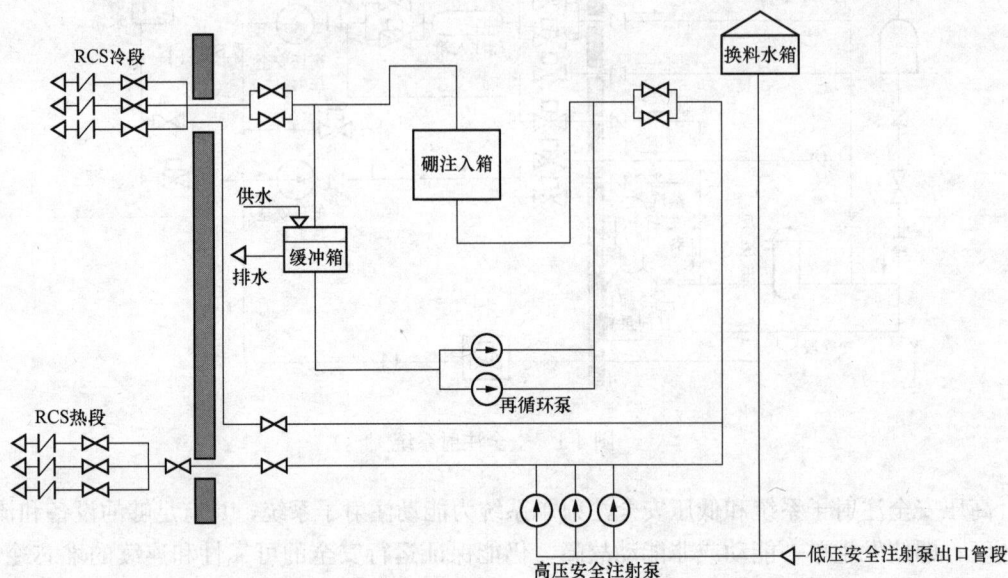

图 4-2　高压安全注射子系统

（3）硼注入箱再循环泵。为了保持硼注入箱内温度和硼浓度均匀化，设有由再循环泵和缓冲箱组成的再循环回路。再循环泵为全密封三级离心泵，其额定流量 $4.6m^3/h$，功率 $8.8kW$。一台泵连续运行，一台泵备用。泵设在绝热套内由电加热器加热。为了在需要时能迅速启动，备用泵也充满水并连续加热。

（4）缓冲箱。硼酸缓冲箱为硼注入箱再循环回路提供缓冲能力，其容积 $0.55m^3$，与大气相通。缓冲箱装有两套电加热器、一个搅拌器和一个带过滤器的漏斗，能在硼浓度降低时加硼，与硼注入箱相连的再循环管线均由电加热器加热，防止回路中硼结晶。

（5）通向 RCS 的注射管线。高压安全注射泵可通过四条管线将含硼水输送到 RCS。

1）通过硼注入箱的冷段注入管线。这条管线由安全注射信号投入运行。用高压安全注射泵将换料水箱中的水通过硼注入箱注入 RCS 环路冷段，并将浓硼溶液带入以便迅速向堆芯提供负反应性。

正常运行时硼注入箱的隔离阀和 RCS 的隔离阀是关闭的，在接到安全注射信号时都开启。

2）通过硼注入箱旁通管注入。这个管线在通过硼注入箱管线发生故障情况下使用，其隔离阀由控制室手动操作。该管线注入 RCS 冷段。与隔离阀并联的阀门带有节流孔板，允许在与热段注入的同时小流量注入冷段。

3）通过热段的高压注射管线。这些管线在长期再淹没阶段时使用，而且中等破口和小破口都需要这些管线。这两条管线并联设置，每条管线为注入两个热段供水。因此，该管线允许单一能动或非能动故障。隔离阀分别由 A、B 两个系列供电，这些阀正常处于关闭状态，由控制室手动操作。

4）通过高压安全注射泵入口到低压安全注射泵出口的连接管线注入。在直接循环阶段，高压安全注射泵通过低压安全注射泵从换料水箱吸水。在再循环期间，地坑水经低压安全注射泵增压后供给高压安全注射泵。

2. 中压安全注射子系统

中压安全注射子系统主要由三个安全注射箱组成，为非能动安全系统，不用安全注射信号启动。中压安全注射子系统如图 4-3 所示，三台安全注射箱 SIS 001BA、002BA、003BA 分别连到 RCS 的三个冷段，每个安全注射箱的总容积均为 47.7m³，内充 33.2m³、2000μg/g 的含硼水，用加压至 4.3～4.5MPa 的氮气覆盖。

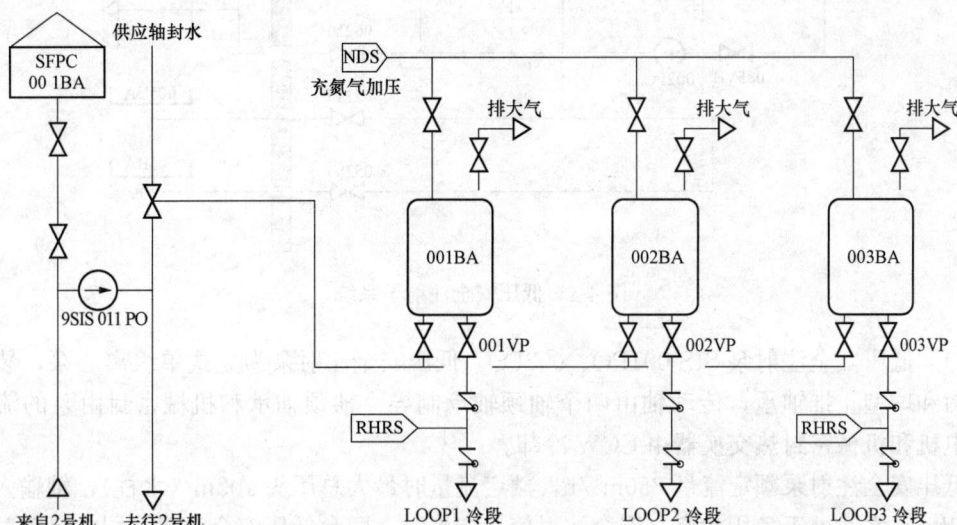

图 4-3　中压安全注射子系统

在 RCS 压力降到安全注射箱压力以下时，由氮气将含硼水压入 RCS 冷段，在最短时间内淹没堆芯，避免燃料棒熔化。每个安全注射箱能提供淹没堆芯 50% 容积的含硼水。

每条管线设置串联的两只止回阀和一只手控电动隔离阀，隔离由两个串联的止回阀来保证。电动隔离阀正常运行时是打开的，当正常升压、降压和停堆期间一回路压力低于安全注射箱压力时，用此隔离阀闭锁安全注射系统。

为了对安全注射箱止回阀进行泄漏试验，提供了试验管线。每个安全注射箱装有一只安全阀。使用水压试验泵 9SIS 011PO 可以从换料水箱向安全注射箱充水并调节其水位。

水压实验泵为双缸往复式泵，水力回路包含两个泵的闭式回路，为了防止泵空蚀，主泵用另一个泵增压。试验泵最大流量为 6m³/h，最大流量下总压头为 24MPa。

试验泵是两机组共用，除用于一回路水压试验外，也用来从换料水箱向安全注射箱充水。此外，在上充泵停运的情况下，试验泵还能提供主泵的轴封水。

3. 低压安全注射子系统

低压安全注射子系统如图 4-4 所示，低压安全注射子系统由两条独立流道组成。在电站正常运行期间，泵的进出口电动隔离阀是打开的，以使低压安全注射泵接到安全注射信号能迅速启动，从换料水箱抽水进行循环。当 RCS 压力低于低压安全注射泵压头时，开始向 RCS 冷段或冷段和热段同时注入。当换料水箱出现低水位信号时，转为从安全壳地坑抽水进行再循环。低压安全注射子系统能保证高压安全注射子系统和中压安全注射子系统功能的连续性。

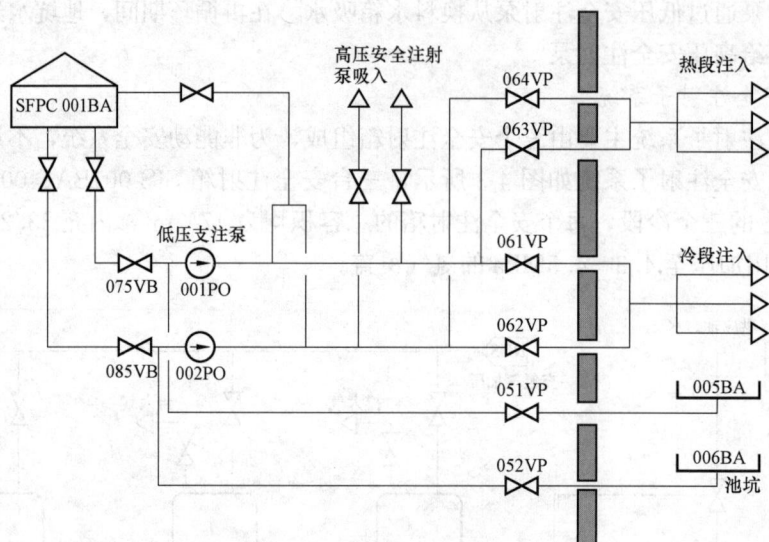

图 4-4　低压安全注射子系统

（1）低压安全注射泵 SIS 001PO、002PO。低压安全注射泵为立式单级离心泵，装有机械密封和球型止推轴承，传动轴由两个轴颈轴承制导，轴颈轴承和机械密封由泵的流体润滑。电机和机械密封热交换器由 CCW 冷却。

低压安全注射泵额定流量 850m³/h，额定流量时最大总压头 102m（水柱），轴输入功率 355kW。正常时处于备用状态，安全注射信号产生时，两台低压安全注射泵同时启动并投入运行。

（2）低压注射管路。每台低压安全注射泵的出口通过隔离阀接到高压安全注射泵吸入联箱上，为高压安全注射泵增压，防止空蚀。

冷段注射管线的电动隔离阀正常是打开的，在长期再淹没阶段开始时被关闭。热段注射管线的隔离阀正常是关闭的，在再淹没阶段开始时打开，此时允许向冷段同时注入小流量。

如果低压安全注射泵在冷却剂系统压力高于泵的关闭压头情况下运行，则通过换料水箱的小流量再循环管线提供最小流量保护。在进行低压安全注射泵试验时，也使用这条管线。

各条注射管线上的止回阀起 RCS 第二道隔离阀的作用，并保护低压安全注射子系统免受高压安全注射子系统的超压，隔离安全壳。

三、安全注射控制信号

高压安全注射子系统和低压安全注射子系统由反应堆保护系统（reactor protection system，RPS）响应冷却剂丧失和蒸汽管道破裂事故所产生的信号自动启动。如果自动控制电路故障，可由控制室手动启动。即使厂外电源丧失，所有电动启动器（水压试验泵除外）由柴油发电机应急供电。

中压安全注射子系统不需要外电源或启动信号就能快速响应。当反应堆冷却剂压力降到低于安全注射箱的压力时就开始向冷却剂系统的冷段注水，保证快速冷却堆芯。

安全注射系统通过以下信号启动：①稳压器压力低（11.9MPa）；②两台蒸汽发生器蒸

汽流量高（大于定值20％）且主蒸汽压力低（3.55MPa）；③两台蒸汽发生器蒸汽流量高（大于定值20％）且一回路低平均温度低（284℃）；④蒸汽管道间主蒸汽压差高（0.7MPa）；⑤安全壳压力高（0.13MPa）；⑥手动安全注射信号。

安全注射系统一接收到安全注射信号，就立即触发以下自动动作：①反应堆紧急停堆；②汽轮机脱扣；③启动应急柴油发电机；④启动安全注射系统；⑤隔离给水流量控制系统（feedwater flow control，FFC）并停运汽动主给水泵。

四、安全注射过程

1. 冷端直接注射阶段

这一阶段是利用一回路冷却剂正常运行时的流向，使换料水箱的水和浓硼溶液尽快地注入堆芯。

当接到安全注射信号后冷段直接注射过程如下：

（1）启动第二台上充泵（即高压安全注射泵）。

（2）打开换料水箱与高压安全注射泵之间的阀门 SIS 012VP、013VP。

（3）打开硼注入箱 SIS 004BA 前后的隔离阀 SIS 032VP、033VP、034VP、035VP，隔离硼注入箱的再循环回路。

（4）隔离化学溶剂控制水箱 CVS 002BA，即关闭 CVS 033VP、034VP。

（5）确认中压安全注射箱隔离阀 SIS 001VP、002VP、003VP 开启。

（6）确认低压安全注射泵与换料水箱之间的隔离阀 SIS 075VP、085VP 已开启，打开低压安全注射泵出口通往高压安全注射泵入口的连接阀 SIS 077VP、078VP。

（7）启动两台低压安全注射泵，打开低压安全注射泵零流量管线上的阀门 SIS 132VP、133VP、144VP、145VP；确认低压安全注射泵与安全壳地坑之间管线上阀门 SIS 051VP、052VP 关闭。

（8）当一回路压力低于安全注射箱压力时，中压安全注射子系统开始注射。

（9）当一回路压力降到 0.1MPa 以下时，低压安全注射流量开始进入一回路冷端。

在直接注射阶段换料水箱中的水位不断下降，换料水箱水位信号见表4-1，表中给出了水位与储水量的对应关系。

表 4-1　　　　　　　　　　　　　　换料水箱水位信号

信号	MIN1（正常水位）	MIN2（低水位）	MIN3（低—低水位）
水位/m	15.3	5.9	2.1
储水量/m³	1600	580	200

当出现低水位信号（MIN2：5.9m）时，进入再循环过渡阶段。这时自动关闭 SIS 012VP、013VP；打开低压安全注射泵通往地坑的零流量管线，即开启 SIS 167VP、168VP，隔离通往换料水箱的小流量再循环管线；关闭 132VP、145VP，以防止在再循环阶段高放射性液体污染换料水箱。但这时安全注射的情况没有变化，仍然是高压安全注射泵通过硼注入箱将硼水注入到主管道冷端，低压安全注射泵作为高压安全注射泵的增压泵运行。待一回路压力降到 0.1MPa 左右，低压安全注射泵也向冷端注入流量。

2. 安全注射再循环阶段

当换料水箱出现低—低水位信号（MIN3：2.1m）且安全注射信号继续存在时，安全注射转入再循环阶段。切换动作如下：低压安全注射泵吸入端接地坑的阀门 051VP、052VP 开启，在证实接地坑的两个阀门开启后隔离换料水箱，即关闭 075VP、085VP，开始从地坑取水进行再循环。

由于蒸汽带走硼酸的能力很小，长期停留在冷端注入再循环阶段会使压力容器内硼浓度不断增大，导致燃料元件表面出现硼酸结晶，将影响燃料元件的传热。为了防止硼结晶，要把安全注射从冷端注射切换到冷端和热端同时注射。切换的时间为事故发生后 12.5h。冷热端同时注射时，以热端注射流量为主，而冷端注射只通过旁路阀门进行，此时主阀门关闭。冷热端同时注射起到反冲洗和搅拌作用，可使压力容器内硼酸浓度接近于地坑内的硼酸浓度。

切换过程如下：打开低压安全注射子系统通向一回路热端注射管道的阀门 063VP、064VP；②关闭低压安全注射子系统向冷端注射的主通道阀门 061VP、062VP，打开主通道阀门的小流量旁路阀 030VP、031VP；③打开高压安全注射子系统向热端注射的阀门 021VP、023VP；④关闭高压安全注射子系统向冷端注射的主通道阀门 034VP、035VP，打开旁路管线阀门 029VP、036VP。

每 24h 切换一次，冷端注射和冷热端同时注射相间进行，以保证压力容器内硼酸浓度低于硼的饱和溶解度。

伴随安全注射信号的一个自动动作是安全壳第一阶段隔离 CIA，其目的是当一回路中出现破口时，参与对裂变产物的屏蔽。CIA 信号产生后，将同时关闭位于安全壳贯穿管道上的一批阀门，原则上这些阀门的关闭短期内不会导致安全壳内重要设备的损坏，目的是防止放射性物质通过这些管道扩散到安全壳外侧的系统中。

第三节 安全壳喷淋系统

一、系统功能

在安全壳内的反应堆一回路或二回路主管道发生破裂事故时，安全壳内的压力和温度会升高。安全壳喷淋系统（CSS）的主要作用是用喷淋水冷凝蒸汽，将安全壳内的温度和压力降低到可接受的水平，以保持安全壳的完整性，并通过热交换器排出事故时释放到安全壳内的热量。它是专设安全设施中唯一带有冷源的系统。

此外，在喷淋水中加入氢氧化钠（NaOH）能降低安全壳内气载裂变产物（主要是碘）的浓度；由于 NaOH 与硼酸起中和作用，也能限制金属的腐蚀；在停堆期间，如果安全壳内发生火灾，在消防系统失效的情况下可用安全壳喷淋系统灭火；在停堆期间，如果换料水箱温度超过 40℃，可用安全壳喷淋系统进行冷却。

二、系统组成及安全壳结构特点

安全壳喷淋系统如图 4-5 所示，安全壳喷淋系统由相同的两个系列组成。每个系列能保证 100％的喷淋功能，且均由一个地坑、一台喷淋泵、一台热交换器、一台喷射器、位于安全壳拱顶下的两组喷淋集管和有关的阀门、管道、仪表组成，其中化学添加物系统是两个系列共用的。

1. 喷淋泵 CSS 001PO、002PO

喷淋泵为立式轴筒式泵，最大功率（再循环喷淋）为 490kW。CSS 一个系列运行时，

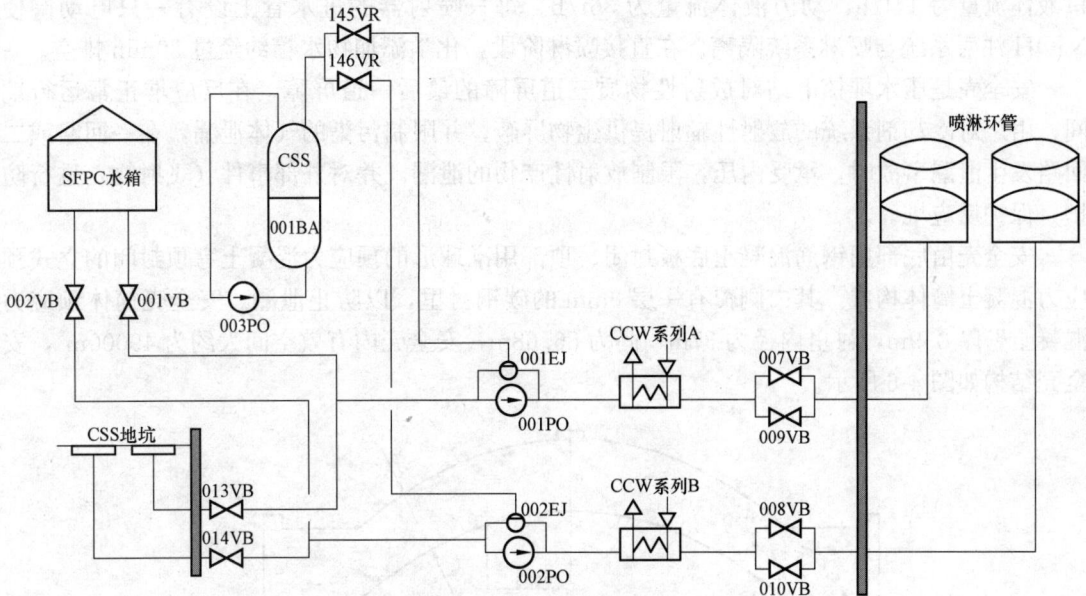

图 4-5 安全壳喷淋系统

喷淋泵的数据如下：

（1）直接注射喷淋：名义流量 850t/h，相应扬程 131m（水柱）。

（2）再循环喷淋：名义流量 1050t/h，相应扬程 115m（水柱）。

2. 热交换器 CCW 系列 A、系列 B

热交换器为卧式、管式、直通式热交换器。喷淋水流过管侧，CCW 的冷却水流过壳侧。其主要参数如下：

（1）喷淋水侧：流量 1014t/h，最高进口温度 120℃。

（2）CCW 侧：流量 1920t/h，最高进口温度 45℃。

3. 喷淋管及喷头

四条环形喷淋管（每个系列两条）以反应堆厂房中心线为中心固定在安全壳的拱顶上，共有 506 只喷头，两个系列的喷头数分别为 252 和 254 只。喷出水滴平均直径为 0.27mm。系统运行时每一系列能覆盖安全壳内的全部面积。

4. 化学添加剂箱 CSS 001BA

该箱可用容积 10m³，内盛质量浓度为 30% 的 NaOH 溶液，由溢流管与大气相通。为使箱内溶液均匀，设有一台搅拌泵，其额定流量为 15m³/h，每 8h 运行 20min，以使箱内溶液再循环。

5. 再循环地坑

地坑位于堆厂房环廊区域内，标高 3.50m。地坑的过滤系统由大碎片拦污栅（为两个系列和 SIS 进水口公用）、每根进水管上的三道过滤筛网和飞射物防护罩构成。过滤系统的上部设有人孔，每次换料期间进行检查。

6. 化学添加物喷射器 CSS 001EJ 和 002EJ

喷射器与喷淋泵并联，靠喷淋泵的回流经过喷射器时将 NaOH 溶液注入系统中。其进口液体流量为 14t/h，动力液体流量为 36t/h。每只喷射器的进水管上设有一只电动阀使 NaOH 注射系统与喷淋系统隔离。在直接喷淋阶段，化学添加物水箱约经过 30min 排空。

安全壳是压水堆核电站对放射性物质三道屏障的最后一道屏障，在反应堆正常运行期间，由之对冷却剂系统的放射性辐射提供生物屏蔽，并限制污染的气体泄漏，在一回路或二回路发生泄漏事故时，承受内压，限制放射性产物的泄漏，并对外部事件（飞射物）进行防护，保护反应堆。

安全壳由底部用钢筋混凝土底板封闭、顶部用准球形的预应力混凝土穹顶封闭的立式预应力混凝土筒体构成。其内侧覆有一层 6mm 的碳钢衬里，以防止泄漏。安全壳筒体预应力混凝土壁厚 0.9m，衬里内径为 37m，高为 56.68m，安全壳内有效空间大约为 49000m³，安全壳结构如图 4-6 所示。

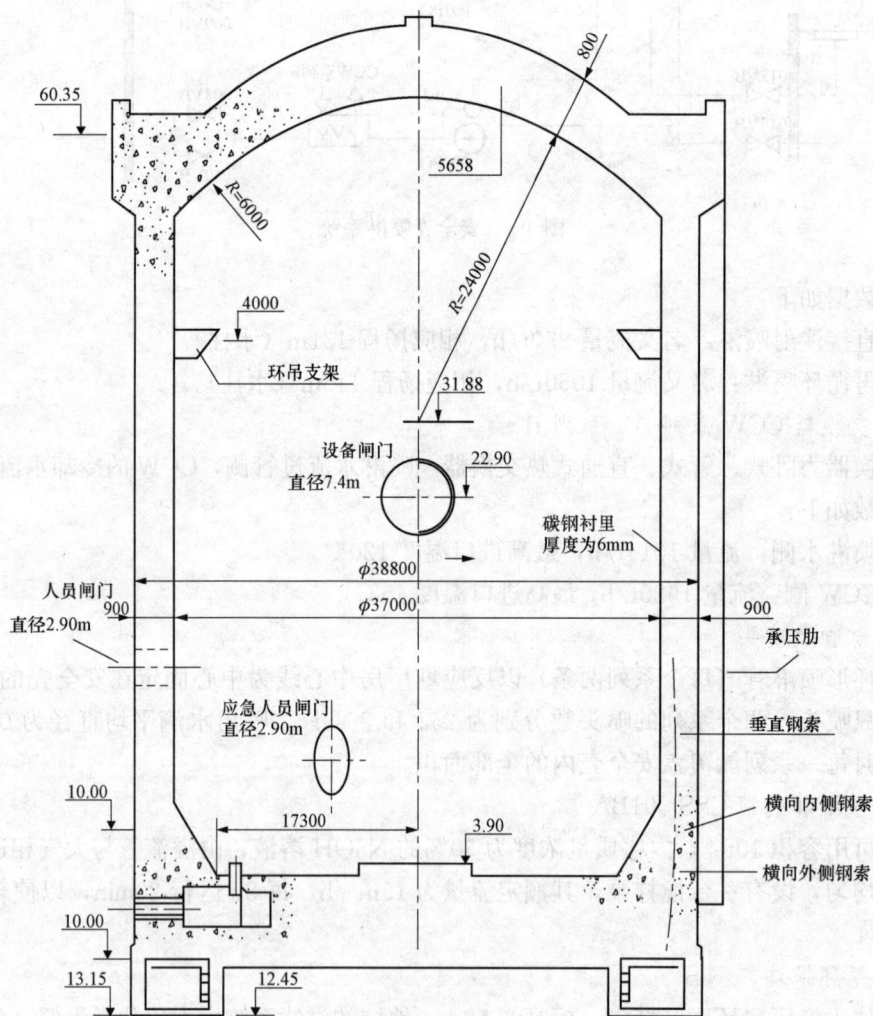

图 4-6　安全壳结构

安全壳设有各种供穿过安全壳管道用的机械贯穿件和穿过安全壳电缆用的电气贯穿件，贯穿件锚固在安全壳壁中。机械贯穿件有各种不同的直径和厚度，以适应所连接的设备及其传递的机械载荷，并在安全壳内外两侧设有隔离阀。安全壳贯穿件按其作用的不同分为 A～J 10 种类型。

在标高 8.0m 处设有一个供人员出入的人员闸门，并在标高 0.00m 处设有一个应急人员闸门。人员闸门是一个直径 2.90m、长 5.40m 的圆筒。闸门构成一道密封。闸门上设有观察窗。

设备闸门位于标高 20.00m 处，为重型设备的进出口。直径 7.4m 的开孔用一个滑动门封住，构成一道放射性辐射屏蔽。其密封性由压紧在两块钢法兰之间的两个同心的弹性材料实心密封件来保证，密封件之间的空间密封性用加压至 5.83kPa（绝对压力）的空气监督。

安全壳的设计压力为 0.52MPa，设计温度 145℃，允许泄漏率为 0.1%/24h。

三、喷淋信号

安全壳内设有四个压力敏感元件，如果其中任两个敏感元件测得安全壳内压力升高，则反应堆保护系统（RPS）会自动触发相应动作。其中压力为 0.24MPa 时，喷淋系统自动启动。安全壳喷淋系统也可以从控制室手动启动。安全壳压力信号见表 4-2。

表 4-2　　　　　　　　　　　　　　　安全壳压力信号

安全壳内绝对压力/MPa	触发的操作
0.14	汽轮机脱扣；备用柴油机启动；安全注射；安全壳隔离阶段 A；主给水泵跳闸；主给水隔离；辅助给水系统（AFS）启动
0.19	主蒸汽管道隔离
0.24	反应堆事故停堆；安全壳隔离阶段 B；CSS 启动；柴油机启动

四、安全壳喷淋过程

CSS 在备用状态，换料水箱与喷淋泵之间的隔离阀 001VB、002VB 保持开启状态，其他阀门（安全壳隔离阀和试验回路、地坑回路、化学添加回路的隔离阀）均关闭。化学添加箱再循环泵间歇运行。

当出现喷淋信号时，两台喷淋泵 001PO、002PO 自动启动并打开安全壳隔离阀 007VB、008VB、009VB、010VB 和热交换器 001RF、002RF 二次侧 CCW 供水阀，开始从换料水箱供水进行直接喷淋，使安全壳内蒸汽冷凝，达到迅速降温、降压的效果。

喷淋泵启动后延时 5min 注入 NaOH，以便操纵员判断 CSS 启动是由于一回路破口，还是二回路破口或者是误动作，从而确定 NAOH 的注入是否必要。

喷淋水中的 NaOH 能吸附空气中的挥发性碘，其化学反应方程如下

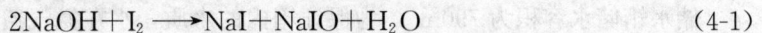

$$2NaOH + I_2 \longrightarrow NaI + NaIO + H_2O \tag{4-1}$$

经过这一反应，放射性碘以溶液形式被带到集水坑中，最后送往废液处理系统（liquid waste treatment，LWT）处理。注入 NaOH 也可以提高喷淋水的 pH 值，以避免结构材料的腐蚀。

化学添加箱内的液体约在 30min 内排空。直接喷淋阶段持续约 20min，当换料水箱出现低－低水位信号时（MIN3；水位为 2.1m），进入再循环喷淋阶段。此时打开喷淋泵与地坑间的隔离阀 013VB、014VB，从地坑取水进行再循环，并通过热交换器将一回路释放到安全壳内的热量排向 CCW。导出的热量包括堆芯剩余功率、一回路或二回路流体的显热、结构材料氧化放出的热量，还可能有锆水反应放出的热量。当温度达到 850～900℃ 开始锆水反

应，反应式如下：

$$Zr+2H_2O \longrightarrow ZrO_2+2H_2 \tag{4-2}$$

在接近 950℃时该反应相当显著，然后每升高 50℃，反应速率（即反应所释放的功率）将增加一倍。1200℃时，这种反应所产生的局部功率将等于剩余功率几倍。在燃料包壳温度突然升高到 1200℃的极端情况下，其功率将大致等于堆的额定功率。

事故后再循环喷淋阶段可能延续运行几个月，将事故释放到安全壳内的热量导出。由于喷淋流量很大，经一定时间后只运行一个系列就够了。

由于锆水反应产生氢气，当安全壳内氢浓度达到 1%～3%时，启动在安全壳内大气监测系统（Containment atmosphere monitoring，CAM）的氢复合装置进行消氢。

伴随喷淋信号产生的一个自动动作是安全壳第二阶段隔离 CIB。与 CIA 相比，CIB 不再考虑对安全壳内重要设备的影响，而是在 CIA 基础上实现除专设安全设施系统、主泵轴封水等以外的几乎所有贯穿安全壳管线的隔离，从而实现对裂变产物的完全包容。

第四节 辅 助 给 水 系 统

一、功能

辅助给水系统（AFS）作为专设安全系统，当正常给水系统［凝结水抽取系统（condensate extraction，CEX）、低压给水加热器系统、汽动主给水泵系统、给水流量控制系统 FFC］失效时，AFS 投入运行以排出堆芯余热，直至达到停堆冷却系统（RHRS）投入运行条件为止。余热通过汽轮机旁路系统排向凝汽器或排向大气。

正常运行时，作为蒸汽发生器的后备水源，AFS 用于：①蒸汽发生器第一次充水或冷停堆时蒸汽发生器排空后的充水；②在启动和一回路升温期间，热停堆向冷停堆过渡；③RHRS 投入运行之前，代替主给水系统的作用。

AFS 设有一个脱气装置，用于向 AFS 和 RBM 的储水箱供应除盐除气水。

二、系统流程及主要设备

AFS 设计成两个系列 2×100%容量，其中一个系列由两台 50%容量的电动给水泵组成，另一个系列设有一台 100%容量的汽动给水泵。两个系列均由辅助储水箱供水，另外设有一个两台机组共用的脱气装置。辅助给水系统如图 4-7 所示。

AFS 的主要设备有储水箱、辅助给水泵、脱气装置。

1. 储水箱 AFS 001BA

储水箱储水容积为 790m³，为保证箱内的水质，水在氮气覆盖下保存，正常氮气压力为 10～12kPa。储水容积是根据几种典型事故工况下从事故开始到 RHRS 投入整个过程中的给水需求计算出来的。

储水箱的水位是不受控的，可以在高－高水位和低－低水位之间变化。箱内的水温由脱气器保持在 7℃以上，高于 50℃时报警。

储水箱的补水和充水可由脱气装置或凝结水泵进行。当从脱气器进行补水或充水时，由常规岛除盐水分配系统（conventional island demineralized water distribution，CDWD）供水，经过脱气装置除气后供给储水箱，必要时也可由 SER 直接充水。当储水箱内水温低于 7℃时可通过脱气器加热。

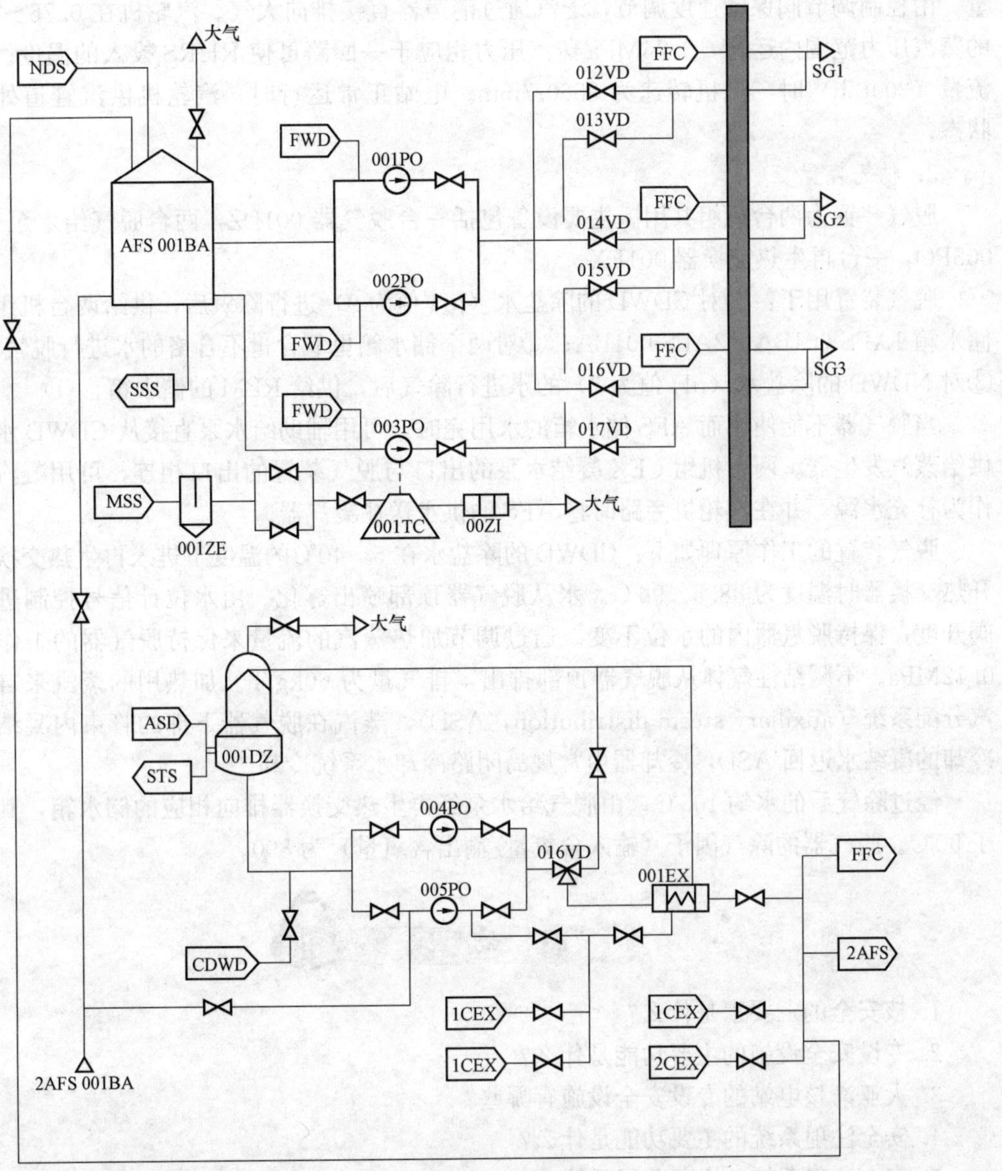

图 4-7 辅助给水系统

两台机组凝结水抽取系统（CEX）凝水泵的出口均与脱气装置出口相连，以便用凝汽器的水作为补充水源。当 AFS 运行时应尽可能利用另一台机组的 CEX 补水，且留下脱气器可供 RBM 的供水需要。

2. 辅助给水泵 001PO、002PO、003PO

电动辅助给水泵 001PO、002PO 为多级卧式离心泵，每台有 50% 的额定流量（2×100t/h），该流量可以使一回路在 6h 内从热停堆状态降到 160～180℃。电动泵可由应急电源供电。

汽动辅助给水泵 003PO 的型号与电动辅助给水泵相同，流量为 200t/h。汽轮机是单级冲动式汽轮机，由主蒸汽管道上主隔离阀之前的 3 个支管供汽，只要一个支管就能满足供汽量。由控制调节阀保证速度调节，乏汽通过消声器直接排向大气。汽轮机在 0.76～8.6MPa 的蒸汽压力范围内运行，0.76MPa 蒸汽压力相应于一回路可使 RHRS 投入的温度。在额定流量（200t/h）时，汽机转速为 3560r/min。电站正常运行时，汽轮机供汽管道处于预热状态。

3. 脱气装置

脱气装置为两台机组共用。主要设备包括一台脱气器 001DZ，两台脱气给水泵 004PO、005PO，一台再生热交换器 001EX。

脱气装置用于：①对 CDWD 的除盐水（pH 值为 9）进行除氧后，供给两台机组的辅助储水箱 1AFS 001BA、2AFS 001BA；②对两个储水箱里氧含量不合格的水进行脱气再处理；③对 NDWD 的除盐水（pH 值为 7）的水进行除气后，供给 RBM 的储水箱。

当脱气器不能使用而 AFS 储水箱的水用完时，可用辅助给水泵直接从 CDWD 水箱取水供给蒸汽发生器。两台机组 CEX 凝结水泵的出口与脱气装置的出口相连，可用凝汽器的水作为补充水源，并在汽轮机旁路时将 AFS 的供水送往凝汽器。

脱气装置的工作原理如下：CDWD 的除盐水在 5～40℃ 的温度下进入再生热交换器，离开热交换器时温度为 88.5～96℃。水从脱气器顶部喷出雾化。由水位计信号控制进水调节阀开度，保持脱氧器内的水位不变。通过调节加热蒸汽的流量来保持脱气器的工作压力为 0.12MPa。不凝结性气体从脱气器顶部排出，排气量为 60kg/h。加热用的蒸汽来自辅助蒸汽分配系统（auxiliary steam distribution，ASD），蒸汽在脱气器下部的管束内凝结后经过冷却的凝结水返回 ASD，冷却器由常规岛闭路冷却水系统冷却。

经过除气后的水约 105℃，由脱气给水泵经再生热交换器排向相应的储水箱，其水温低于 50℃。脱气器的除气因子（输入含氧量/输出含氧量）为 800。

思 考 题

1. 核安全的三要素是什么？
2. 专设安全设施的主要功能是什么？
3. 大亚湾核电站的专设安全设施有哪些？
4. 安全注射系统的主要功能是什么？
5. 安全注射系统包含哪些子系统？
6. 什么情况下会触发安全注射系统动作？
7. 安全壳喷淋系统的主要功能是什么？
8. 安全壳喷淋系统的主要设备组成有哪些？
9. 辅助给水系统的主要功能是什么？
10. 辅助给水系统的主要设备有哪些？

第五章　核电厂安全分析方法

第一节　概　　述

一、核电厂安全分析目的

在介绍核电厂安全分析方法之前，先介绍一下对核电厂进行安全分析的必要性。

1. 核电厂特有的核安全问题

潜在的放射性危害是核电厂特有的核安全问题。正常运行情况下核电厂不会显著地释放出放射性物质，但在某些事故工况下有可能发生放射性物质大量释放，从而对核电厂工作人员及周围公众造成放射性危害。因此核电厂事故分析就是为了显示核电厂在事故情况下对公众的放射性危害是有控制的、是符合国家有关法规要求的。

2. 事故情况下专设安全系统的有效性

为了防止放射性释放事件发生，并减小事件发生的后果，在核电厂的设计中采用了纵深防御的概念来对事故进行设防，特别是设置了专设安全系统。这些专设安全系统的有效性决定了潜在放射性危害发生的可能性。

3. 表明电厂的安全性

根据核安全法规，每个核设施的业主都必须在建造、装料和运行前，向国家核安全局提交安全分析报告，安全分析报告中的一项重要内容就是事故分析。

事故分析是研究核电厂可能发生事故的种类及发生频率，确定事故发生后系统的响应及预计事故的进程，评价各种安全设施及安全屏障的有效性，研究各项因素及操纵员干预对事故进程的影响，估计事故情况下核电厂的放射性释放量及计算工作人员与居民所受的辐射剂量。

对设计基准事件的分析是核电厂安全分析报告中的必要部分。事故分析的目的在于表明该核电厂设计足以控制事件的后果，不使工作人员、公众和环境面临不适当的放射性风险。通过严重事故分析，可以找到核电厂的薄弱环节，有助于提高核电厂的安全性，严重事故分析还可作为制订应急计划的依据。

二、风险及其评价

1. 风险的定义

风险是指生成成本与劳动成果之间的不确定性，一般有两种定性定义。

第一种定义：风险就是危害、灾难或将要面临的伤亡，即一种不是真实的而是潜在的伤害。如果危险真的发生了，就不再是风险，而是受伤、损失和死亡。

第二种定义：风险就是受伤、损失和死亡的可能性、概率。

对风险的这种定性的理解不便于用来比较其种类的不同，需要有一种可以做定量分析的定义。因此，我们将风险的第二种定义转化为数学描述，即风险是事件发生的概率和事件发生后导致后果的乘积，表示如下：

$$R = PC \tag{5-1}$$

式中　R——风险，为损害与单位时间之比；

　　　P——事件概率，为事件与单位时间之比；

　　　C——后果，为损害与事件之比。

从式（5-1）可知，风险具有双重含义，既包含可能性又包含后果。

风险可分为个人风险和社会风险两类。个人风险指的是单位时间内由于发生某一确定事件而给个人造成的伤害后果；社会风险指的是对整个社会群体造成的后果，社会风险是个人风险与该社会群体内人数的乘积。

为了更好地理解风险的概念，现举有关保险和汽车车祸风险的例子来说明。15 世纪 Genoese 提出了通过分担风险抵御灾难性损失的方法，即保险。假设投保人为 N 艘轮船投保，每年交保险费 $R/$ 艘，如果保险公司赔偿损失为 C，而且假设受损的轮船为 n 艘，根据收支平衡原则，应有

$$NR = nC \tag{5-2}$$

当 N 越来越大时，n/N 将趋于一个值，该值称为概率，并用 P 表示，则式（5-2）可以表示为

$$R = \frac{n}{N} \cdot C = PC \tag{5-3}$$

由以上分析可知，风险是后果的数学期望值，用保险术语来说，是人类社会使用某项技术或实施某项活动应付的保险费。但关于风险的数学定义具有诸多缺憾。

首先，上述定义得到的风险具有不确定性，因为构成风险的两个因子（概率和后果）均是通过统计、推理或专家评定得到的。为了描述其不确定性，在数学上常采用概率分布或概率密度分布来表示。概率安全分析（probabilistic safety analysis，PSA）技术专家通过重要度、灵敏度等分析对 PSA 分析结果进行不确定性分析，给出构成风险的各种因素的重要性排序，并给出结果的置信度和风险的不确定性。另外，PSA 专家不仅应用定量分析结果，而且更多地从定性分析结果获益，如根据组成导致风险各种因素的重要度（与数据的不确定性没有关系）排序来安排检查、维修、试验的次序，确定优化设计的方向，可为核电站设计、运行和维修的决策提供有益的指导。

其次，上述风险的数学定义中对风险做了线性叠加的假设。从上述风险定义看，大量的后果轻的小事故和少量的后果严重的事故风险值是相等的。但实际上，大部分人们认为在同等风险值下，少量的严重事故的社会影响要大得多。实际上，风险与社会的承受能力有关，如对于每年汽车造成 50000 人死亡是不足为奇的，因为每次事故都只是少数人死亡，但一次事故造成 50000 人死亡则是很难接受的。以上这种性质称为风险的非线性，为了考虑这种非线性，有人将风险的定义改为

$$R = \Sigma C_i \nu P_i \tag{5-4}$$

式中　ν——考虑风险可接受性的修正因子，若 $\nu > 1$，则 ν 取 1.2。

2. 风险的评价

人类在从事创造物质财富的各种活动，或谋求各种利益与方便的同时，将不可避免地受到各种风险的威胁。如电的利用、超音速飞机和各种机动车的使用，极大地改善了人们的生活，提高了生产效率，带来了运输上的方便，但也有发生触电、交通及空难事故的可能；火力发电在给人类带来电能的同时也由于大量的 CO_2 和 SO_2 的排放而造成温室效应和酸雨。

人类在从事各项活动时并不会因为有风险而放弃，而会对这些活动所带来的收益和风险进行综合比较，权衡后决定取舍，这种对活动的潜在风险进行分析评价，并在评价过程中提出可能的措施，就是风险分析或风险评价。风险分析的目标是以合理可行的手段尽可能地降低这些活动所带来的风险，风险评价的目的是对活动及系统的安全性或潜在风险进行分析评价，从而尽可能地降低活动的风险。引入风险评价或风险分析的另一个因素就是工业化，即源于工业化所需的能源供应越来越多。

核能的发展与和平利用是人类征服自然过程中的重大突破，对人类社会的可持续发展有着深远的影响，尽管核能最初被作为杀伤性武器使用，曾一度给核能的和平利用留下阴影，并影响至今。实际上核能应用的主要方面仍是从可控的链式反应获得长期持续的能量，造福于人类。堆龄上万堆年的核动力堆的运行业绩表明，核能是一种安全、经济、清洁、可持续发展的能源。但在核能应用诞生之初，政府、核工业界及公众就已充分认识到其潜在风险，并要求核能的风险完全在政府控制内。

1946 年美国国会成立了原子能委员会（Atomic Energy Commission，AEC），1947 年成立了反应堆防护委员会（Reactor Safeguards Commission，RSC），1948 年颁布了《原子能法》。1974 年撤消 AEC，成立独立于其他机构的美国核管理委员会（USNRC），其主要职责是保护公众健康和安全。我国相继成立了国家核安全局、生态环境部，并建立了适用于我国的核安全法规、规范和标准。人们期望通过设计、控制及监督管理，能更加成功准确地预测核动力堆（包括研究试验反应堆）的潜在风险，以使事故得以避免，为此，各国颁布专门的法律法规，建立专门的管理机构，并要求从核反应堆建设、投运直至退役的所有活动要置于国家的监督之下，且要经过一系列的审查与许可。要求所有有关人员应始终关注核安全，在核反应堆的设计、制造、建造、运行和监督管理的全过程，均要建立并维持一套有效的防护措施，将风险降低到可能实现的最低水平。

三、核电厂安全分析方法

为评价并限制核反应堆的风险，发展并形成了两种成熟的分析评价核反应堆安全性的方法，一种是基于主观依据设计基准事故的确定论安全分析（deterministic safety analysis，DSA），另一种就是概率安全分析（PSA）。在核反应堆发展的早期，人们主要采用前一种方法。

DSA 基于确定性准则和规定的要求，其基本思想是根据反应堆纵深防御的原则，除了反应堆设计得尽可能安全可靠外，还设置了多重的专设安全设施，以便在发生最大假想事故时，依靠专设安全设施将事故后果减至最轻程度。在确定安全设施的种类、容量和响应速度时需要一个参考的假想事故作为设计基础，并将这一事故看作最大可信事故，认为所设置的安全设施若能防范这一事故，就必定能防范其他各种事故。为确保安全，这些准则和要求使用了许多保守的裕量和模型，如设计基准事故、纵深防御、单一事故准则和安全裕值等。DSA 一直是核反应堆安全设计与评价最主要的方法，但由于缺乏实践经验，在设定这些要求时采用了保守的准则，使得核能的经济性甚至核能真正的安全性不能得到很好的保证，尤其是美国三哩岛核电站事故（1979 年）和苏联切尔诺贝利核电站事故（1986 年），这两次事故的经验教训是设计基准事故并不是最大可信事故，核电站事故风险的主要贡献者并不是系统和装置本身，而是人的行为、规程的遵守和核安全文化。

20 世纪六七十年代开始使用 PSA，其恰好能弥补上述 DSA 的不足。PSA 是把整个系统的失效概率通过结构的逻辑性推理与它的各个层次的子系统、部件及外界条件等失效概率联系起来，从而找出各组事故发生的概率。

在具体应用中，可将 DSA 与 PSA 相互配合。设计基准事件的分析，以 DSA 为主；严重事故的分析，可两种方法并用，但更侧重于采用 PSA。

第二节　核电站确定论安全分析

一、确定论安全分析理论

确定论安全分析（DSA）是根据以往的经验和社会可接受的程度，人为地将事故分为"可信"与"不可信"两类。对压水堆核电站，将"主冷却剂管道冷管段双端断裂"作为最大可信事故，在设计中认真考虑并严密设防，压力容器破裂等更为严重的大事故被认为是"不可信"的，在安全评价中不予考虑。在这种思想指导下，20 世纪 90 年代以前，各国只重点研究大破口事故，对认为是"不可信"的严重大事故，以及小破口失水事故、核电站运行中发生的运行瞬变等影响较小的事故都未进行深入研究，对核电站运行管理和人员培训也未予以应有的重视。其中，1979 年美国三哩岛核电站事故的主要原因就是人们对过渡工况和小破口失水事故的现象缺乏充分了解，造成操作人员判断失误，操作一再失误，使原来并不严重的事故一再扩大，酿成核电史上一次严重的堆芯损坏事故。

DSA 的评价标准是核电站发生最大可信事故时，生活在核电站禁区周围的居民全身和甲状腺所接受的辐射剂量不应超过允许的规定值。

二、事故分析基本假设

1. 初始条件及各项参数

事故分析采用的初始条件及各项参数均取保守值，即取值对后果会产生不利的影响。但取正不确定性还是取负不确定性需要经过仔细考虑，甚至必须经过敏感性分析才能确定。取保守值时以下三方面必须考虑：①所分析事故的过程特征；②事故分析所针对的验收准则；③事故分析中采用何种停堆信号。

下面列举一些需考虑取保守值的项目及通用的不确定性值。

（1）运行参数需考虑不确定性（控制系统死区、仪表误差及波动等）。例如，初始功率 $+2\%$，初始温度 $\pm 22\,^{\circ}\text{C}$，稳压器压力 $\pm 0.21\text{MPa}$，稳压器水位取 $\pm 2\%$，蒸汽发生器（steam generator，SG）二次侧水位取 $\pm 5\%$ 等。主冷却剂流量一般取设计值，这实际上已加上了保守性，因实际流量往往会大于设计流量，而且如取较小的保守值，会影响冷却剂温度的决定。SG 二次侧的压力往往由热平衡决定，不必预先规定正负不确定性。

（2）堆物理参数。慢化剂温度（密度）反应性系数取后果最大的寿期的数值，甚至取为零值，如对于确定寿期的分析，则取 $\pm 10\%$ 不确定性，燃料多普勒（Doppler）反应性系数取 $\pm 15\%$，控制棒价值计算取 15% 不确定性。

（3）停堆信号应取安全级信号。停堆设定值需带上保守性。停堆信号至控制棒开始自由下落的延迟时间，应按实验结果加上保守性。控制棒负反应性引入曲线应取趋底型（下凸型）曲线。

（4）金属的结构热容量及传热面积，一般取 $\pm 10\%$ 不确定性。

（5）稳压器及 SG 安全阀开启压力应取保守值。

2. 四项基本假设

（1）假设失去厂外电源。通用设计准则（general design criteria，GDC）第 17 条规定必须考虑此项假设，应选择有、无或某一时刻失去厂外电源三种情况中哪一种产生最不利的后果。此项假设适用于分析Ⅱ、Ⅲ、Ⅳ类工况，规定此项假设的理由为此属于继发故障（核电厂事故引起电网紊乱）。

（2）假设最大价值的一维控制棒卡在全抽出位置（卡棒假设）。GDC 26 规定必须考虑此项假设，适用于分析Ⅱ、Ⅲ、Ⅳ类工况。实际上，在确定停堆反应性引入曲线时，就计入此项假设。

（3）仅考虑安全级设备缓解事故的作用。对于非安全级设备仅考虑其对事故的不利影响。

法国实践中要求用于Ⅱ、Ⅲ、Ⅳ类工况的分析，美国实践中仅要求用于Ⅲ、Ⅳ类工况（假想事故），美国安全局认为Ⅱ类工况为常见的故障，不影响设备的功能，所做分析合乎实际情况较好，但如保守地仅假设安全级设备起缓解作用也是可以接受的，而且大部分安全分析报告也是如此假设的。

（4）需假设极限的单一故障。法国实践中要求用于Ⅱ、Ⅲ、Ⅳ类工况的分析。美国实践中仅要求用于Ⅲ、Ⅳ类工况（假想事故），如上一项假设。若在Ⅱ类工况分析中也采用了此项假设，也是可以接受的。

三、设计基准事故及验收准则

（一）设计基准事故

1. 事故工况分类

压水堆核电厂反应堆可能出现的各种运行及事故工况总体上可以分为设计基准事件工况和超设计基准事件工况两大类。设计基准事件范围内的全部运行及事故工况可按其发生的频率和潜在的放射性后果进行分类，分类的原则是发生频率高的工况要求其后果轻微，而后果严重的工况要求其发生频率极低。按照该原则，美国标准学会把设计基准事件范围内的核电厂运行及事故工况分为下列四类。

（1）工况Ⅰ：正常运行和运行瞬态。该工况包括：

1）核电厂反应堆的正常启动、停堆和稳态运行。包括核电厂的正常启动、停堆、正常稳态功率运行、热停堆、冷停堆、正常换料等工况。这些工况构成了核电厂的运行模式，表5-1 给出了秦山核电厂的运行模式。

表 5-1　　　　　　　　　　秦山核电厂运行模式

运行模式	有效增值系数 K_{eff}	功率/%	RCS 温度/℃	RCS 压力/MPa
功率运行	1.0	2～100	280～302	15.2
热态零功率	1.0	0～2	280	15.2
热停堆	≤0.985	0	280	15.2
中间停堆 A 阶段	≤0.985	0	180～280	2.94～15.2
中间停堆 B 阶段	≤0.985	0	60～180	2.94
冷却堆	≤0.985	0	≤80	2.94
停堆换料	<0.95	0	≤50	常压

2）带有允许偏差的运行，但未超过技术规格书所规定的最大允许值。如发生少量燃料元件包壳泄漏、一回路冷却剂放射性水平略有偏高、蒸汽发生器管子微小泄漏等。

3）运行瞬态。如核电厂的升温、升压或冷却卸压，以及在允许范围内的负荷变化等。这类工况出现频繁，所以要求整个过程中所引起的物理参数变化不会到达触发反应堆保护动作的整定值，无需停堆，仅需依靠控制系统在反应堆设计裕量范围内进行调节，即可把反应堆调节到所要求的状态，重新稳定运行。

这类工况一般用来作为其他事故工况分析的初始工况。

（2）工况Ⅱ：中等频率事故，也称预期运行瞬态（anticipated operational occurrences，AOOs）。指在核电厂运行寿期内预计会出现一次或数次偏离正常运行的所有运行过程，其发生概率大于 10^{-2}/（堆·年）。由于核电厂设计时已采取适当的措施，它只可能迫使反应堆停堆，而不导致任何裂变产物屏障破坏，即不超过燃料安全限值。

这类工况要求做事故分析，以证明在最坏的情况下，既不会造成燃料元件损坏，又不会导致不可接受的堆功率或一回路、二回路超温超压的出现。此外，还要求这类工况在导致最坏的停堆情况下仍能返回功率运行中，并不得引起更严重的事故工况（工况Ⅲ或工况Ⅳ）。

这类工况包括：①堆启动时，控制棒组件失控抽出；②功率运行时，控制棒组件失控抽出；③控制棒组件落棒；④失控硼稀释；⑤反应堆流量部分丧失；⑥失去正常给水；⑦给水温度降低；⑧负荷过分增加；⑨失去厂外电源。

（3）工况Ⅲ：稀有事故。在核电厂寿期内，这类事故一般极少发生。其发生概率约为 10^{-4}/（堆·年）～10^{-2}/（堆·年），即对于单个核电厂来说，不大可能发生，但从整体核电厂运行经验积累来说，则有可能出现。处理这类事故时，为了防止或限制对环境的辐射危害，需要专设安全设施投入工作。

这类事故有：①燃料组装错装位；②控制棒误动作；③反应堆冷却剂完全失流；④一、二回路管道小破裂。

这类事故可能超过燃料安全限制或超过系统的压力、温度或功率限制，但要求引起反应堆中受损伤的燃料元件数不超过规定的限制，不影响堆芯的几何形状和可冷却性，不得进一步损伤反应堆冷却剂系统和反应堆安全屏障。放射性释放不得超过厂外剂量限值，不得引起更严重的事故工况（工况Ⅳ）。

（4）工况Ⅳ：极限事故。这类事故的发生概率小于 10^{-4}/（堆·年），预期不会发生，因而也称为假想事故。然而这类事故一旦发生，则可能释放大量放射性物质，后果非常严重，因而在核电厂设计中必须加以考虑。这类事故包括大破口失水事故、弹棒事故等。

这些事故用来对核电厂的安全设施提出要求。它们可能导致燃料元件重大损伤，但要求堆芯几何形状不受影响，堆芯冷却可以保持，并不得引起限制其后果的系统丧失功能，反应堆冷却剂系统和反应堆安全壳厂房不受附加损伤，放射性释放在许可限度内。

2. 设计基准分类

按照习惯，工况Ⅱ、工况Ⅲ和工况Ⅳ总称为设计基准事故。为了确保核电厂安全，规定在安全分析报告中要对设计基准事故进行详细的分析计算，给出定量的结果并评定其是否满足规范和标准。设计基准事故的选择以事故分析、工程判断、设计经验及运行经验为基础，经不断改进而逐步完善。应用比较普遍的是美国核管理委员会（USNRC）颁布的导则 1.70 中列出的清单。设计基准从物理现象上来看，可分为 8 组，具体如下：

（1）二回路系统排热增加。

1）给水系统故障导致给水温度降低。

2）给水系统故障导致给水流量增加。

3）蒸汽压力调节器故障或损坏导致蒸汽流量增加。

4）误打开蒸汽发生器泄压阀或安全阀。

5）安全壳内、外各种蒸汽管道破裂。

（2）二回路系统排热减少。

1）蒸汽压力调节器故障或损坏导致蒸汽流量减少。

2）失去外部电负荷。

3）汽轮机跳闸（截止阀关闭）。

4）误关主蒸汽管线隔离阀。

5）冷凝器真空破坏。

6）同时失去厂内及厂外交流电源。

7）失去正常给水流量。

8）给水管道破裂。

（3）反应堆冷却剂系统流量减少。

1）一个或多个反应堆主泵停止运行。

2）反应堆主泵泵轴卡死。

3）反应堆主泵泵轴断裂。

（4）反应性和功率分布异常。

1）次临界或低功率启动时，控制棒组件失控抽出，包括换料时误抽出控制棒或暂时取出控制棒驱动机构。

2）功率运行时，控制棒组件失控抽出。

3）由于系统故障或操纵员误操作所致的控制棒误操作，包括部分长度控制棒误操作。

4）启动一条未投入新的反应堆冷却剂环路或在不适当的温度下启动一条再循环环路。

5）化学和容积控制系统故障导致冷却剂硼浓度降低。

6）在不适当的位置误装或操作一组燃料组件。

7）各种控制棒弹出事故。

（5）反应堆冷却剂装量增加。

1）功率运行时误操作应急堆芯冷却系统。

2）CVS故障（或运行人员误操作）导致反应堆冷却剂装量增加。

（6）反应堆冷却剂装量减少。

1）稳压器安全阀或释放阀意外开启。

2）一回路压力边界安全壳外仪表或其他系统管线破裂。

3）蒸汽发生器传热管破裂。

4）反应堆冷却剂压力边界内假想的各种管道破裂所导致的失水事故。

（7）系统或设备的放射性释放。

1）放射性气体废物系统泄漏或破损。

2）放射性液体废物系统泄漏或破损。

3）假想的液体储箱破损而产生的放射性释放。

4）设计基准燃料操作事故。

5）废燃料储罐掉落事故。

（8）未能紧急停堆的预期瞬态。

1）误提出控制棒未能停堆。

2）失去主给水未能停堆。

3）失去交流电源未能停堆。

4）失去电负荷未能停堆。

5）冷凝器真空破坏未能停堆。

6）汽轮机跳闸未能停堆。

7）主蒸汽管道隔离阀关闭未能停堆。

（二）验收准则

1. 通用验收准则

（1）工况Ⅰ：引起的物理参数变化不会达到触发保护动作的整定值。

（2）工况Ⅱ：当达到规定的限值时，保护系统能够关闭反应堆。但是进行了必要的校正动作后，反应堆可重新投入运行。工况Ⅱ不得诱发后果严重的事件（工况Ⅲ及工况Ⅳ）。

（3）工况Ⅲ：引起反应堆中受损伤的燃料元件数不得大于某一定值，不影响堆芯的几何形状，并认为堆芯冷却是正常的。工况Ⅲ不会引起工况Ⅳ，不得进一步损伤反应堆冷却剂系统和反应堆安全壳屏障。放射性释放不得停止或限制居民使用厂外附近地区。

（4）工况Ⅳ：可以导致燃料元件重大损伤，但堆芯几何形状不受影响，堆芯冷却可以保持。工况Ⅳ不得引起限制其后果的系统丧失功能。反应堆冷却剂系统和反应堆安全壳厂房不会受到附加的损伤。放射性释放在许可限度内。

2. 具体验收准则

（1）工况Ⅱ。

1）燃料元件不烧毁，对于这一条易于执行和稍严的准则为不发生偏离泡核沸腾（departure from nucleate boiling，DNB），或最小偏离泡核沸腾比（departure from nucleate boiling ratio，DNBR）在 95 限值以上。

2）一回路压力小于 110％设计值。

3）放射性后果按正常排放允许值控制。

（2）工况Ⅲ及工况Ⅳ。

1）燃料元件保持可冷却状态，通用的判断标准为长时间高温低于 1204℃，短时间高温低于 1482℃。

2）一回路压力小于 120％设计值。

3）放射性后果以厂区边界（2h）及低人口区边界（8h）剂量计算。按美国标准，甲状腺剂量 3000mSv，全身剂量 250mSv，若并接事故预期的概率太小取此标准的 100％、25％及 10％。按法国标准，对工况Ⅳ，甲状腺剂量 450mSv，全身剂量 150mSv；对工况Ⅲ，甲状腺剂量 15mSv，全身剂量 5mSv。应该指出的是，放射性后果分析的不确定性很大，剂量标准应与分析方法一起考虑。

四、单一故障准则

1. 概述

为了得到高度的可靠性，首先对各保证安全的设备提出高质量的要求，因此对安全级设备采用多重性设计，使其具有冗余度。其中具有安全功能的设备一律定为安全级设备。

设置冗余度的一种要求（最低要求）是采取 $N+1$ 准则，即为完成某一安全功能设计时设置 $N+1$ 个部件，而其中任何 N 个部件就能达到要求，使系统具有容忍发生一个随机故障的能力，这就是满足单一故障准则。

20 世纪 40 年代，单一故障准则开始用于航空工业；20 世纪 60 年代初，已成功地运用于核电厂设计，并成为法规确定的一项核电安全的设计要求。

虽然对核电厂实施单一故障准则不能认为是完全科学合理的，但此准则有较好的可行性。随着技术的发展，PSA 的应用可以弥补这方面的不足。

为了满足单一故障准则，核电厂的设计需要满足一些必然的要求，如：

（1）设计必要的泵，需要多一台。

（2）需要保证打开的阀门必须并联两台，需要保证关闭的阀门必须串联两台，既要保证开又要保证关的阀门必须串并联共 4 台。

（3）保证在长期阶段可用的管道必须并联两条。

（4）必要的信号要求其具有多重性。

2. 使用范围

（1）核电厂必须满足单一故障准则——核电厂系统必须有适当的安全裕度，当发生假设的单一故障时，仍能完成其安全功能。

这项要求中提到的"假设的单一故障"是指按规章明确定义的单一故障，"能完成其安全功能"是指全部设计基准事件都能满足验收准则。

（2）安全组合必须满足单一故障准则——安全组合必须在发生单一故障时，仍能完成其安全功能。

安全组合是指在特定的假设始发事件发生后，为使该事故后果不超过规定的限值而要求其完成应有的动作的设备组合。如大破口失水事故必须要有低压安全注射子系统发挥功能，低压安全注射子系统就是一个安全注射组合，必须满足单一故障准则；小破口失水事故必须要有高压安全注射子系统发挥功能，高压安全注射子系统就是一个安全组合，必须满足单一故障准则。

从安全组合的定义可知，"安全组合必须满足单一故障准则"是"核电厂必须满足单一故障准则"的必然推论。因此这一要求可表达为"安全组合必然应满足单一故障准则"。按照这一条分析核电厂的安全冗余度，有时有一定的方便之处。

（3）有关规章注明一些安全系统需满足单一故障准则，这是为了特别强调某些安全系统的重要性。如在 HAF001/02－1995《核设施的安全监督》规定，停堆手段必须包括两种不同的系统，每种系统在假定一个单一故障发生时必须能执行其功能。两种系统中必须至少有一种系统能单独使反应堆从运行工况快速地进入次临界，并得到足够的停堆深度。

3. 使用方法

（1）由单一事件引起的多重故障仍归为单一故障。如一个应急柴油发电机不能启动，由它带动的全部安全级设备全部失效；一个泵房中放了两台泵，如果泵房水淹，此两台泵失效；一块配电板着火，板上全部线路不通，以上故障都只考虑为单一故障。

（2）整个核电厂系统（包括流体系统及电气系统）只考虑一个故障。

（3）整个事故期间只考虑一个故障，规定如下：可在短期阶段考虑一个能动故障，或在长期阶段考虑一个能动故障或一个非能动故障。如在短期阶段已考虑了一个能动故障，就不可以在长期阶段考虑单一故障（能动故障或非能动故障）。

（4）单一故障准则是针对安全级部件而言的，对非安全级部件不考虑其对事故的缓解作用，而需考虑其对事故的恶化作用。

（5）只有当调用部件时，才有是否失效问题。不能假设已打开的阀门自行关闭，也不能假设已关闭的阀门自行打开，即使对非安全级设备也是如此。

（6）在技术规格书中确定的定期维护、检修及试验的设备，不认为不可用。

由于采用的是 $N+1$ 准则，因而认为正在维修的设备存在，但如果维修超过了技术规格书上规定的时限，就必须停止核电厂的运行。德国采取 $N+2$ 多重性，N 台设备够用，一台冗余抗御单一故障，一台设备考虑轮流检修时之缺，这是比较高的要求，安全程度提高了，造价也提高了。

（7）在事故期间，如全部安全设备正常工作而造成最严重的后果时，就以此为极限工况，不假设单一故障。

事实上，以全部安全设备有效为极限工况的情况比较多，因为安全设施是为多种不同的事故而设计的，对于有些事故就会有措施过度的情况。如对于蒸汽发生器传热管破裂事故，如果全部专设安全设施有效，即全部上充安全注射、高压安全注射子系统及辅助给水系统有效，则会加快蒸汽发生器满溢 . 可能引起更严重的事故。

（8）必须把事故与故障区别开，在做事故分析时，分析的工况是初因事故加上单一故障，而不分析追加事故。这一点尤其需要注意的是不要把非能动故障中的泄漏处理成破裂，在一回路失水事故长期阶段可以假设某一管道有泄漏，但不能在事故一开始就假设一回路管道与二回路管道（蒸汽管道与给水管道）同时发生破口的工况。

（9）在事故分析中应考虑两个附加的条件，加上这两个条件并不作为已考虑了单一故障。这两个条件如下：

1）失去厂外电源。如失去厂外电源，会引起主循环泵失电；主给水停止；冷凝器失去循环冷却水，真空破坏失效。此外，一些专设安全设施必须采取应急柴油发电机电源，因而增加了启动延迟时间。

事故分析时，可考虑失去厂外电源，也可考虑不失去厂外电源，还可考虑在事故进展到某一时刻失去厂外电源。

规定这一假设是按继发故障来考虑的，如果一个功率巨大的核电厂发生了事故，停止发电，有可能造成电网混乱，不能正常工作。

2）一组负反应性价值最大的控制棒处于全抽出的位置。这一假设使停堆负反应性减少，降低了停堆深度，对有些事故的后果是不利的。这一假使是作为取保守值的观点来考虑的。

（10）假设单一故障后，发生继发故障不算作超过单一故障。据此，做事故分析时，应把初因事故与初始条件、附加条件、假设的单一故障及由上述三种因素造成的继发故障合在一起，当作分析的条件。

（11）必须找出最保守的单一故障及极限工况。需假设一个单一故障依次发生在核电厂系统的每一个安全设备上，逐一分析并将结果进行比较，以得到最保守的单一故障及极限工况。

这里说的分析是定性分析，但必要时应给出定量分析。

（12）一种事故如具有几项验收准则，就会有不同的最保守的初始条件和单一故障极限工况。如对于一回路失水事故，考虑燃料元件包壳温度与安全壳的压力峰值，考虑的单一故障是不同的。前者需考虑全部安全壳喷淋有效，后者必然考虑安全壳喷淋只有一半容量投入运行。

4. 应用举例

（1）低压安全注射子系统设计中为满足单一故障准则所作的考虑。

1）对于大破口失水事故，一台低压安全注射泵动作即可满足要求，而冗余地设置了两台。

2）两台低压安全注射泵需接在不同的电源母线上，分由两台柴油发电机供电。

3）注射阶段（短期阶段）不考虑管道损坏，从换料水箱吸入应急冷却剂只需单管道，在再循环阶段（长期阶段），从安全壳地坑吸水，需考虑管道损坏，设置了双管道。

4）单管道上为了保证完成关闭功能，需应用串联阀门。

a. 再循环阶段开始时，关闭来自换料水箱的水源通路用串联阀门。

b. 主系统升压时，为保护低压系统，用串联的隔离阀关闭管道。但在双管道上为保证打开低压安全注射子系统，各管道上只需用单阀门。

5）正常运行时，需保持换料水箱吸入段阀门处在常开状态。

（2）主给水管道破裂事故分析中，应急给水系统（见图5-1）为满足单一故障准则的考虑。

二回路的秦山第一核电厂的辅助给水系统（应急给水系统）设计包括：两台电动给水泵分别给两台蒸汽发生器提供应急给水，一台柴油机驱动给水泵向两台蒸汽发生器提供应急给水。对于应急给水系统，最具挑战性的设计基准事故为主给水管道断裂，在此事故发生时，如能向完好蒸汽发生器提供36t/h流量的应急给水，则能达到安全要求。如果设计给出上述电动泵的流量为每台48t/h，在事故过程中不能关闭应急给水阀，柴油机驱动泵的给水阀为限流阀，最大流量为每台44t/h。

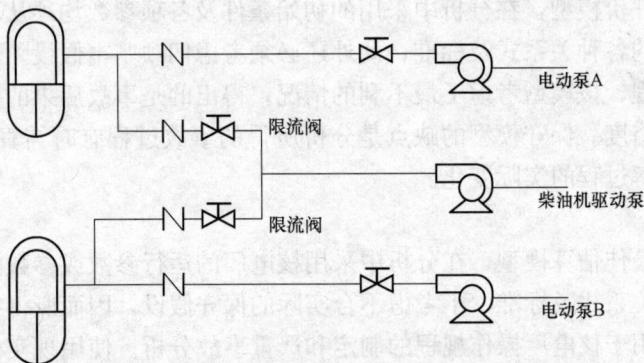

图 5-1　应急给水系统示意图

设计时需考虑以下问题：

1) 分析设计基准事故，应假设厂外交流电源丧失，电动应急给水泵 A、B 应分别接在应急柴油发电机系列 A、B 上。

2) 破口应假设在靠近蒸汽发生器的给水管上，如假设在系列 A 的管道上，单一故障则应假设 B 系列的应急发电机或电动应急给水泵 B 失效。这样假设两台电动给水泵都不能提供应急给水，只能由柴油机驱动泵提供应急给水。

柴油机至多通过限流阀经破口流失 44t/h 给水，为保证向完好蒸汽发生器提供 36t/h 给水，柴油机驱动泵至少应有 80t/h 的流量。

五、确定论安全分析逻辑

（1）确定论安全分析逻辑如下：

1) 确定一组设计基准事故。

2) 选择特定事故下安全系统的最大不利后果的单一故障。包括导致某一部件不能执行其预定安全功能的随机故障，以及由该故障引起的所有继发故障。

3) 确认分析所用的模型和电厂参量都是保守的。

4) 将最终结果与法定验收准则对照，确认安全系统的设计是充分的。

（2）确定论安全分析中采用的两条基本假设：

1) 被调用的安全系统失去部分设计能力（单一故障假设）。

2) 操纵员在事故后短期内不做任何干预。

（3）其他四个附加的补充保守假定：

1) 事故同时合并失去厂外电源。

2) 反应性最大的一组控制棒卡在全提棒位置不能下插。

3) 分析中只考虑安全相关设备，不计及非安全设备的缓解功能。

4) 必要时考虑合并不利的外部条件。

六、确定论安全分析模型

从系统、部件的失效和损坏或者人员失误的角度，假定事故发生，按照分析问题的要求，选用保守或现实模型及一系列规则和假设，分析计算整个核电厂系统的响应，直至得到该事故的放射性后果。

1. 保守模型

保守模型又称评价模型，在分析中采用的初始条件及各项参数均须从不利方面加上不确定性。要选用保守的各种关系式及标准，此外还必须考虑四项基本假设。保守模型一般用于核电厂安全审批过程，该模型考虑了最不利的情况，得出的是事故后果的极限值，给核电厂留有相当大的安全裕度。保守模型的缺点是分析所得的事故过程有时与真实情况相差较远，使工作人员不能了解过程的实际变化。

2. 现实模型

现实模型又称最佳估算模型，在分析中采用核电厂的运行参数或参数的平均值，尽量选用接近真实情况的关系式及标准，不考虑不合实际的保守假设，因而所得结果能接近真实情况。现实模型经常用于核电厂操作规程的制定和严重事故分析。使用现实模型分析并在其结果上加上适当裕度，可作为代替保守模型或平行于保守模型的一种方法。

七、确定论安全分析程序

用确定论安全分析进行事故分析时，涉及的事故分析程序大致可分成以下几种。

1. 系统分析程序

可以模拟核电厂的一、二回路系统以及稳压器、蒸汽发生器、泵、阀门、燃料元件等设备的各种工况。具有能计及各种反应性反馈的点堆或一维中子动力学模型,一般在流体力学上是一维的,有些程序堆芯是三维的,程序规模大,一般有数万至 20 余万行。总体上分析核电厂在失水事故及各种瞬变过程中系统的响应,是事故分析中最主要的程序,如 RET-RAN、RELAP5、TRACE、COSINE 等。

TRACE 程序系列是由美国核管理委员会(USNRC)开发的最新最佳估算系统分析程序,用于模拟压水堆和沸水堆的 LOCA 事故、运行瞬态和其他各种事故工况,同时还可以模拟各类反应堆系统热工水力试验台架的现象。我国已应用 TRACE 程序对核电机组事故进行分析研究,如冯进军等应用 TRACE、PARCS、ROBIN 等程序开展了秦山二期机组弹棒事故分析,黄树亮等应用 TRACE、FLICA Ⅲ-F 程序开展了 AP1000 机组全失流事故分析,贾斌等应用 TRACE 程序对国产先进压水堆机组进行建模并对全失流事故状态进行分析研究。

COSINE 系统分析程序是我国首个核反应堆设计软件自主化项目中的重要项目之一。系统分析程序的开放完全遵照美国核管理委员会发布的与核电厂设计有关的部分法规《生产和应用设施的执照发放》(10 CFR 50)和核管制研究办公室发布的监管指南(REGULATO-RY GUIDE1.157,RG 1.157)的要求和接受准则,即 COSINE 系统分析程序既满足保守模型的要求,又满足现实模型要求。保守模型一般基于经验建立,程序较简单,却具有足够的保守性,因此 COSINE 系统分析程序开发了一个保守模型版本。现实模型能够尽可能真实地描述物理现象,在反应堆安全分析中也得到了越来越广泛的应用,为满足工程应用的需求,COSINE 系统分析程序也开发了一个现实模型版本。COSINE 系统分析程序的现实模型版本重点考虑非能动压水堆核电厂的设计特征与分析需求。

2. 堆芯分析程序

可称为子通道分析程序,它以系统程序计算的结果作为边界条件,考虑堆芯内各处燃料元件产生热量的不同和流道之间的质量、动量和能量的交换,计算具有开式栅格的堆芯的流场和焓场,以及各处燃料元件,特别是热点的燃料芯块及包壳的温度和包壳表面的偏离泡核沸腾比(DNBR)。

3. 燃料元件分析程序

用于分析在事故工况下面临破坏的燃料元件性状,该程序提供了包括热辐射在内的各种阶段的传热模型,可以模拟包壳与芯块间隙的变化、元件的肿胀、破裂以及流道的阻塞。这种程序也以系统程序分析结果为输入数据,如 FRAP-T6、TOODEE2/MOD3、FRAPCON 等。

FRAPCON-3.5 是由美国核管理委员会(USNRC)开发的燃料元件温态行为分析程序,主要对轻水堆稳态辐照情况下单根燃料棒的热工、力学、裂变气体释放等行为进行分析,能计算寿期内燃料元件的温度、应力/应变、裂变气体释放和燃料棒内压等参数。

4. 堆物理分析程序

用于弹棒事故及反应性事故的分析计算。精确的分析需要用三维中子动力学程序与三维热工水力程序耦合进行计算,这种计算耗费计算机机时较多。在进行大量计算时一般采用经三维程序校核的一维程序,如 PDK-Ⅱ程序。

MCNP 是洛斯阿拉莫斯国家实验室（Los Alamos National Laboratory，LANL）开发的大型多功能通用蒙特卡罗程序，可以计算中子、光子和电子的联合输运问题，中子能量范围为 $10^{-11}\sim20\mathrm{MeV}$，光子和电子的能量范围为 $1\mathrm{keV}\sim1\mathrm{GeV}$。该程序采用独特的曲面组合几何结构，使用点截面数据，通用性强，能够输出任何复杂几何结构的中子通量与材料空间分布。

压水堆核燃料组件计算软件 ROBIN 是由上海核星核电科技有限公司自主开发的压水堆方形燃料组件计算软件。该软件集成了当今国际轻水堆核燃料组件计算领域的多项最新科研成果，包括基于新版基础评价核数据库制作的多群常数库、基于等价理论的复杂组件共振计算方法、精度高且几何适应性强的中子输运问题特征线求解方法以及求解含钆组件燃耗问题的对数线性反应率方法等，可胜任当前压水堆核电工程中方形燃料组件及围板/反射层组件计算的需求。ROBIN 可为工业应用的下游堆芯计算软件提供开展临界、燃耗计算或瞬态安全分析计算所需的全部宏观中子学参数。

三位堆芯物理瞬态计算软件 PARCS 最初由美国普渡大学开发，后被美国核管理委员会（USNRC）出资购买，成为 NRC 安全分析程序体系中进行三维堆芯物理瞬态计算工具。PARCS 能进行方形和六角形燃料组件堆芯稳态和瞬态三维中子学计算，如 M310、VVER、棱柱型高温气冷堆等，特定版本的 PARCS 还能支持 CANDU 重水堆堆芯三维中子学计算。

5. 安全壳热工水力响应分析程序

用于分析核电厂一、二回路破裂，大量质量和能量喷放至安全壳内时安全壳内的压力和温度的变化。这种程序应当能处理安全壳底层的液相及含有空气及蒸汽混合的气相，具有能模拟安全壳结构材料的热结构模型，并应具有模拟蒸汽在结构材料表面的凝结以及喷淋和排放等功能。这种程序以系统程序计算所得的破口喷放流量及焓值为输入数据，如 CONTEMPT - LT/028、CONTAIN - LMR 等。

CONTAIN - LMR 程序是美国桑迪亚国家实验室（Sandia National Laboratories，SNL）在 CONTAIN 程序基础上针对液态金属反应堆开发的安全壳分析程序。该程序是美国核管理委员会（USNRC）推荐使用的安全壳事故最佳估算程序，主要用于分析当一回路边界发生破损，有冷却剂或堆芯材料泄漏时核反应堆安全壳系统内的物理核化学状态以及放射性和气溶胶情况。CONTAIN - LMR 程序具有大量的物理化学模型，其中与冷却剂钠相关的主要模型包括钠化学模型、池式钠火模型、雾状钠火模型、钠与混凝土相互作用模型和堆芯熔融床模型等。

6. 放射性后果分析程序

用于描述放射性物质在系统内的转移、沉积、衰变、向环境的释放及在大气中的弥散，并计算人员遭受的放射性剂量。这类程序一般由几种程序构成一个程序包，供分析各种事故下的放射性后果之用，其特点是不确定性很大，粗略模型与精细模型在计算方法上差别也很大，需按不同的要求选用，典型的有 CADITAL、SGTR 程序。

7. 严重事故分析程序

核反应堆严重事故是指堆芯遭到严重损坏和熔化甚至安全壳也损坏，并引发放射性物质泄漏的一系列过程，是一种超设计基准事故。一般说来，核反应堆的严重事故可以分为堆芯熔化事故和堆芯解体事故两大类。堆芯熔化事故是由于堆芯失去冷却或冷却不充分，引起堆芯裸露、升温和熔化的过程；堆芯解体事故是由于快速引入巨大的反应性，引起功率陡增以及燃料碎裂的过程。

严重事故研究主要包括严重事故现象研究及严重事故对策研究两个方面。前者包括核电厂严重事故过程中物理化学现象的实验研究和理论模拟，而后者主要包括严重事故的预防与缓解措施的研究以及严重事故管理指南的制订及验证。

分析严重事故的计算机程序大致分为系统性程序和机理性程序两类。系统性程序能够计算完整的事故序列直至裂变产物从安全壳泄漏到环境，程序基于工程模型，带参数变量，能快速运行；机理性程序比系统性程序更详细，侧重考虑事故进程中特定过程的状态，但运行起来更耗机时。

系统性程序已开发两代。第一代程序的代表是 STCP，其是在人类尚未完全了解严重事故主要现象之前，用部分机理性程序作特定模块，保留了基本机理模型，并将其组合在一起作实用工程工具。第二代则是在较好地了解了严重事故主要现象后，采用机理性程序获得的经验，取其长处，合并形成了快速计算模型，此类程序有 MELCOR、ASTEC 与 MAAP 等。

机理性程序采用了针对个别现象开发的机理性模型，提供了大量现象间的耦合效应，因为在严重事故分析中耦合与反馈效应极其重要。在机理性程序开发中，采用了许多原有的先进热工水力系统程序的优点，提供热工水力反馈与边界条件。机理性程序有 RELAP5/SC-DAP、CATHARE/ICARE、ATHLET-SA 与 VICTORIA 等。

八、确定论分析实例

1. 失流事故

失流事故（loss of flow accident，LOFA）又称作流量丧失事故，属于瞬变。失流事故可分为部分流量丧失和全部失流事故。其中，部分流量丧失由泵故障、电源母线失电引起；全部失流事故的原因为丧失交流电源。失流事故过程的主要危险为丧失交流电源引起紧急停堆，一般 2.4s 内实现有效停堆。失流事故的关键量变化如图 5-2 所示，图中给出了主泵断电后堆芯功率、平均热流量随时间的变化。

失流事故引起停堆后有衰变热，短时间内由于燃料棒温度再分布使元件表面热通量较高，所以在事故后短时间内（几秒内）可能发生偏离泡核沸腾，包壳有烧毁的危险。通过堆芯的流量是影响事故后果的主要因素。

失流事故安全分析的主要任务是确定安全系统动作的滞后时间，确定主泵转子的转动惯量。确定上述参数的标准是以元件表面不发生烧毁为依据。

失流事故分析过程如下：

（1）确定通过堆芯的流量（系统瞬态分析）。

失流事故后一回路流量可由以下动量方程求得：

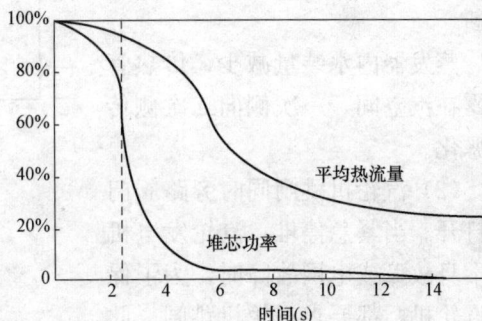

图 5-2　失流事故的关键量变化
注　虚线表示有效紧急停堆时刻

$$\frac{\partial |W}{\partial \tau} + \frac{\partial}{\partial L} \left| \frac{W^2}{\rho A} \right| = -A \frac{\partial p}{\partial L} - \frac{fW^2}{2\rho DeA} - \rho g A \cos\theta \qquad (5-5)$$

式中　W——冷却剂流量，kg/s；

ρ——冷却剂密度，kg/m^3；

A——冷却剂通道截面，m^3；

p——冷却剂通道压力，MPa；

L——管道长度，m。

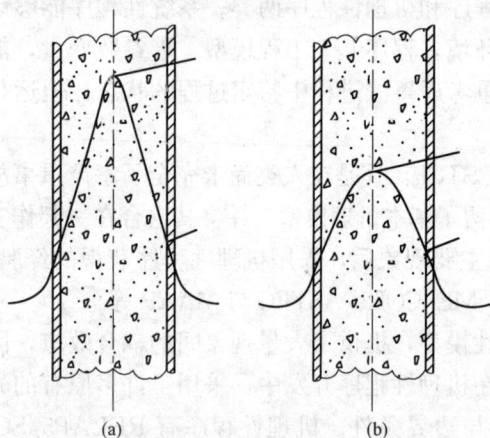

图 5-3　失流事故发生前后燃料元件内
温度分布的变化
（a）事故前；（b）事故后

（1）部分或全部给水中断。这是发生概率较大的热阱丧失事故。给水泵机械故障或失去电源，阀门意外关闭，给水控制系统故障，给水加热器破坏，给水母管破裂，甚至凝结水泵等设备或管路破坏，均能引起给水减少或中断。

蒸发器内水装量减少，传热管裸露在汽空间，一次侧向二次侧传热恶化。

（2）汽轮机跳闸同时旁路阀门未打开。当紧急停堆、汽轮发电机组本身故障或电网故障时，为了保护汽轮机，都要求汽轮机跳闸。此时主汽门立即关闭，通往凝汽器的旁路阀门必须立即打开，否则将发生热阱丧失事故。

热阱丧失后一回路冷却剂的温度瞬变如图 5-4 所示。

在热阱丧失事故中，随着主回路冷却剂平均温度的升高，冷却剂体积膨胀势必引起系统压力增高。

（2）计算燃料元件的温度场和 DNBR（子通道分析）。失流事故发生前后燃料元件内温度分布的变化如图 5-3 所示。

在处理几个环路同时发生断电事故时，可对几个并联回路等效。等效原则是流量和流通截面相加，但计算阻力时的当量直径仍用一个环路的。

2. 热阱丧失事故

热阱丧失事故是由于二回路或三回路故障造成一回路冷却剂堆芯入口温度过高引起堆芯冷却能力不足的事故。

从压水堆（pressurized water reactor, PWR）核电厂来看，热阱丧失事故的始发事件主要可以归结为以下两方面：

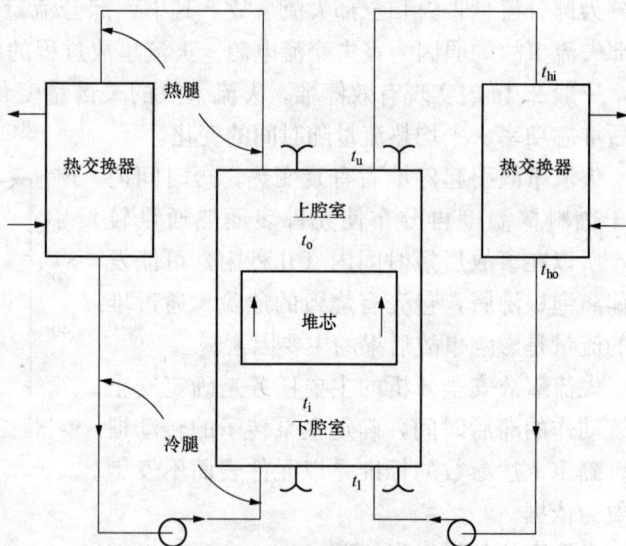

图 5-4　热阱丧失后一回路冷却剂的温度瞬变

t_i、t_o——堆芯进出、口温度；

t_{hi}、t_{ho}——蒸汽发生器进、出口温度；

t_1——堆芯出口与蒸汽发生器入口间冷却剂温度；

m_1——堆芯出口与蒸汽发生器入口间冷却剂质量；

t_2——蒸汽发生器出口与堆芯入口间冷却剂温度；

m_2——蒸汽发生器出口与堆芯入口间冷却剂质量

如果系统中没有补偿空间或卸压安全排放系统，这种压力升高可能引起主回路边界应力超过限值，甚至最终造成破坏。

在出现超压时，可以打开稳压器卸压阀降压。当卸压阀不足以排出过剩蒸汽而超压或卸压阀尚未动作系统压力即达到安全阀开启定值时，安全阀将自动打开，卸压箱内压力超过允许值后爆破膜破裂，将蒸汽排放到安全壳。

第三节　核电站概率安全分析方法

一、概率安全分析概述

概率安全分析（PSA）的目的是对活动及系统的安全性或潜在风险进行分析评价。分析评价的方法是采用概率论和可靠性工程方法。PSA 是 20 世纪 70 年代后发展起来的一种系统工程方法。它基于可靠性工程基础和概率风险理论，对复杂的可能发生事故的系统或装置或某项活动进行分析，估计系统或装置不可用度和事故后果（潜在风险），得到有关安全的评价观点，并形成分析特定问题和普遍问题的信息库，作为各种决策的技术依据。从学科分类上看，它是一门应用科学。概率安全分析有多个名称，最早叫概率风险评价（probabilistic risk assessment，PRA），后来国际原子能机构（IAEA）建议改称为概率安全评价，此处称为概率安全分析，以上名称可以互用。概率安全分析（PSA）认为核电站事故是随机事件，引起核电站事故的潜在因素很多，核电站的安全性应由全部潜在事故的数学期望值来表示。

1975 年，美国核管理委员会（USNRC）正式发布研究报告《反应堆安全研究：美国核电厂事故风险的评价》（WASH-1400），这是 PSA 在核电站安全评价中首次大规模成功使用，其奠定了 PSA 的基础。但当时 WASH-1400 的发表，并未引起政府和技术界的足够重视，直到 1979 年路易斯对 WASH-1400 做出肯定评价，特别是美国三哩岛（TMI）核电站 2 号机组发生了严重事故之后，WASH-1400 才获得了应有的重视。由于 WASH-1400 对 TMI 事故的全过程已有明确的预示，且报告对事故中操作员的失误也做了考虑。通过 TMI 事故，人们认识到 PSA 在核电站安全分析的重要性，重新估价了 WASH-1400 的作用。总之，WASH-1400 在核电站 PSA 的发展史上具有里程碑的意义。

TMI 事故之后，世界上主要拥有核电站的国家都加速开展了 PSA。德国是最早响应的国家，1979 年提出了德国核电站风险研究计划，该研究采用 WASH-1400 中的方法，通过分析德国 25 座轻水堆核电站的运行数据来研究风险。研究结果表明，这 25 座核电站出现一次导致 1000 人立即死亡的事件的概率为 10^{-7} 次/年，即一千万年可能会出现一次这样的事件。随后继续进行风险研究的第二阶段计划。与此同时，加拿大、瑞典、西班牙、法国、日本都相继开展了核电站 PSA，也都获得了成功，取得了显著效益。

国际原子能机构（IAEA）一直非常重视 PSA，支持发展成员国的 PSA 技术能力，并相继出版了一系列技术报告，系列报告有关 PSA 的实施方法、活态 PSA（living PSA，LPSA）、PSA 的质量保证、PSA 的同行评议（peer review）、研究堆 PSA 及 PSA 的审评等。另外，IAEA 还积极组织和资助发展中国家的 PSA 人员培训，推动跨地区 PSA 计划。

由核电站 PSA 的主要发展历程不难看出，PSA 和安全风险管理已逐渐成为核电站常用的和标准的决策工具。

二、概率安全分析主要内容

核电厂风险评价的主要任务：①识别潜在事故，寻找薄弱环节；②计算放射性物质分布，确定对周围公众与环境的影响；③求出潜在核事故产生的总风险并进行评估。

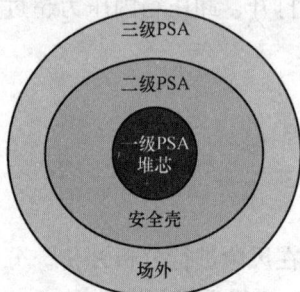

图 5-5　核电厂 PSA 等级

针对上述任务，可将核电厂的概率安全分析分成三个等级，核电场 PSA 等级如图 5-5 所示。

1. 一级 PSA

（1）一级 PSA 的基本内容。

1）找出导致堆芯损坏的事故序列。

2）分析安全系统的工作性能和可靠性。

3）事故序列概率定量计算。

（2）一级 PSA 的基本分析方法。采用事件树和故障树技术对运行系统和安全系统进行可靠性分析。一级 PSA 的主要目的是分析设计中的弱点，指出防止堆芯损坏的途径。

2. 二级 PSA

（1）二级 PSA 的基本内容。

1）分析堆芯熔化物理过程和放射性物质在安全壳内的释放、迁移。

2）研究安全壳在严重事故工况下的响应，以及安全壳失效模式。

3）估计放射性向环境的释放。

（2）二级 PSA 分析的主要目的。

1）对各种堆芯损坏事故序列造成放射性释放的严重性做出分析，找出设计上的弱点。

2）对减缓事故后果的途径和事故处理提出具体意见。

3. 三级 PSA

（1）三级 PSA 的基本内容。

1）分析核电厂厂外不同距离处放射性核素浓度随时间的变化。

2）结合二级 PSA 结果按公众风险的概念确定放射性事故造成的厂外后果。

（2）三级 PSA 的基本分析方法。分析放射性微粒的扩散迁移。

（3）三级 PSA 的主要目的。能够对后果减缓措施的相对重要性做出分析，也能对应急响应计划的制定提供支持。

核电厂概率安全分析程序如图 5-6 所示。

三、系统模型及故障树分析

1. 分析步骤

概率安全分析是把整个系统的失效概率通过结构的逻辑性推理与它的各个层次的子系统、部件及外界条件等失效概率联系起来，从而找出各种事故发生的概率。

为了估算堆芯熔化事故的概率与风险，WASH-1400 首次采用事件树——故障树的概率分析方法。该方法用初因事件发生概率及估算得出的安全系统失效率导出由其引起的熔芯事故链概率，并估算出放射性进入环境后对公众的风险。WASH-1400 的结论之一是核电站风险主要来自超设计基准事故（即初因事件叠加安全系统失效或人因失误等多重失效事故）。PSA 可以定量估计设想事故链的风险，并识别设计或运行规程的薄弱环节。显然，PSA 认为一切事故属于随机事件，不存在"可信"与"不可信"的截然界限，只有发生概率的大小

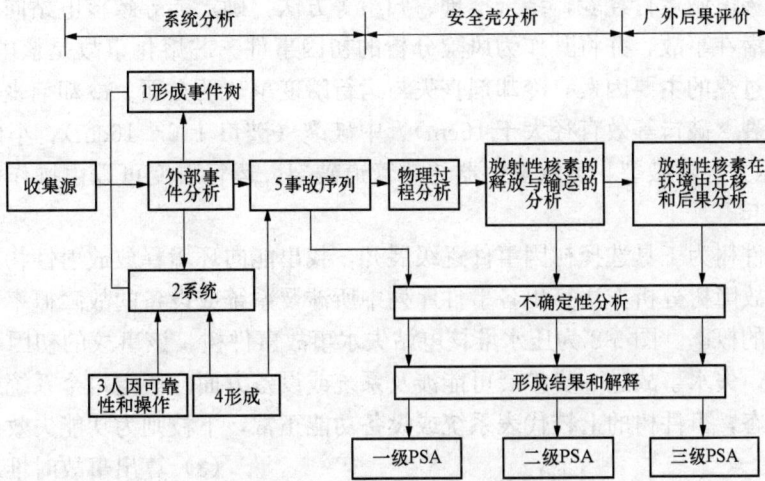

图 5-6 核电厂概率安全分析程序

之别。核电风险 R 就是核电站事故发生的概率 P 与事故后果 C 乘积的期望值。

$$R_n = \sum_{i=1}^{n} P_i \cdot C_i \qquad (5-6)$$

式中 R_n——核电站存在 n 个能导致向环境释放性物质的潜在事故，即核电站总风险；

P_i——核电站第 i 个事故发生的概率；

C_i——核电站第 i 个事故的事故后果。

通过式（5-6）可知，PSA 可把核电站引起的社会风险与自然灾害或人为因素引起的社会风险进行比较，也能与火电、水电的社会危害比较，因此 PSA 更易于接受，它是确定论方法的发展。概率安全分析的步骤如图 5-7 所示。

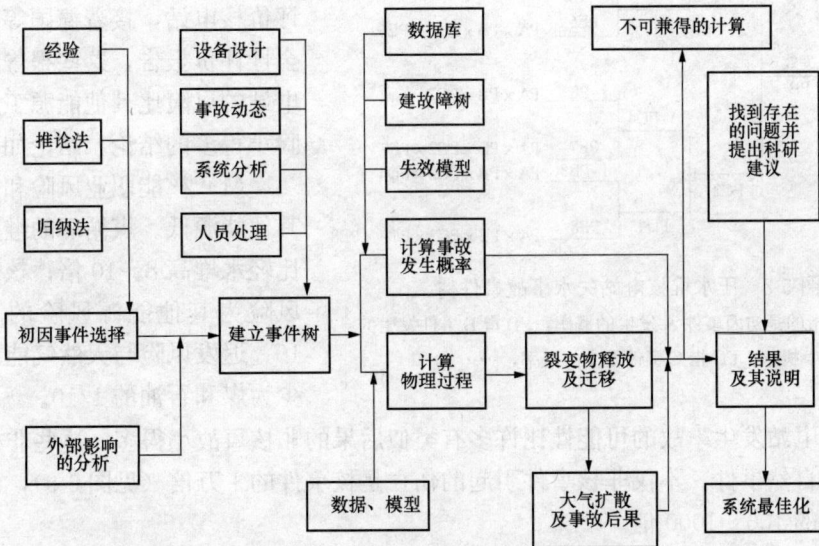

图 5-7 概率安全分析的步骤

（1）根据核电站运行经验，结合推理、归组等方法，确定能导致核电站向环境释放放射性物质的一切潜在事故，并将其作为风险分析的初因事件。芯熔化事故是核电研究的关键。引起燃料组件过热的主要因素有冷却剂丧失与运行瞬变事故两方面。冷却剂丧失的初因事件是主冷管大破裂（破口等效直径大于 16cm）、中破裂（破口 1.6～16cm）、小破裂（破口小于 1.6cm），压力容器破裂，蒸汽发生器传热管道破裂。运行瞬变可以由操作失效、设备误动作或故障引起。

（2）以事件树为工具选择初因事件逐级展开，找出能向环境释放放射性物质的一系列事件序列，并用故障树分析方法算出各事件序列中所涉及系统或设备的故障概率，进而算出各事件序列发生的概率。图 5-8 为压水堆核电站失水事故事件树，该事故的初因事件是回路系统主管道破裂，失水事故进一步扩展可能涉及系统或设备方面。假定每个系统或设备有正常和故障两种状态，事件树的上枝代表系统或设备功能正常，下枝则为功能失效。

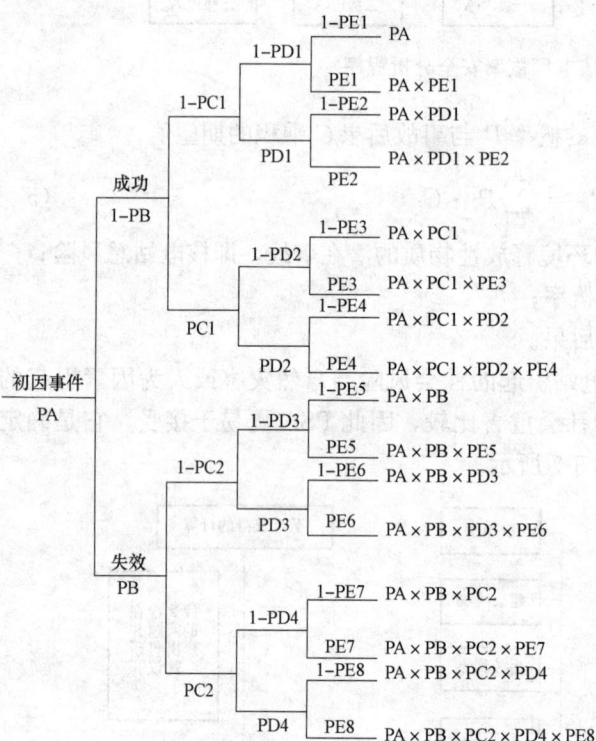

图 5-8　压水堆核电站失水事故事件树

注：PA 指的是初因事件 A 发生的概率，PB 指 B 事件发生的概率，PC 指 C 事件发生的概率，……

（3）算出事故时堆芯内放射性物质达到平衡值时的储存量及其在一回路系统和安全壳内的沉积和迁移，进而确定释放到环境中放射性物质的数量。

（4）算出各种气象条件下核电站周围的放射性物质的浓度分布。

（5）确定核电站事故时对周围居民健康影响程度以及造成的经济损失。

2. 分析结论

WASH-1400 是第一次应用 PSA 评价核电站，接着德国等国家发表安全性评价报告，这些报告都阐明了核电站的风险比其他能源工业和社会风险小得多的结论，结论如下：

（1）核能职业风险和公众风险比其他能源低。煤循环的继发职业风险比轻水堆高 8～10 倍；核能继发公众风险为其他能源风险的 1/100～1/10。迟发风险与天然气能源相同，至少为煤和石油的 1/10。

（2）核电站发生事故的可能性比许多有类似后果的非核事故小得多，这些非核事件包括人为事件和自然事件。不仅非核事件引起的伤亡是核事件的 1 万倍（见图 5-9），而且经济损失是核事故的 100～1000 倍。

（3）分析表明，核电站主要风险是堆芯燃料熔化事故，而小破口失水事故最易造成燃料熔化，人为失误加剧了事故的严重性。WASH-1400 与德国研究分析得出，大破口失水引起堆芯熔化事故概率约占堆芯总熔化概率 0.6%～6%，而小破口和瞬态事故引起的概率却占

74％～81％，说明在核电站安全研究中应重视小破口和瞬态事故的研究。

四、概率安全分析程序

概率安全分析中常用的方法是故障树，而决定故障树分析速度的核心是最小割集算法。因此，研发大型故障树最小割集的快速求解算法一直是 PSA 技术研究人员所关注的焦点问题。传统的故障树算法有下行法、上行法、结构函数法，这些算法均基于故障树中间节点的割集。

NFRisk 程序是由中国原子能科学研究院自主开发的大型概率安全分析软件，其采用通用而成熟的视窗管理模式，自主设计开发完备且有效的核心计算算法，集成通用的概率参数模型、共因参数模型、完整的定量分析工具和友好的二次开发接口。

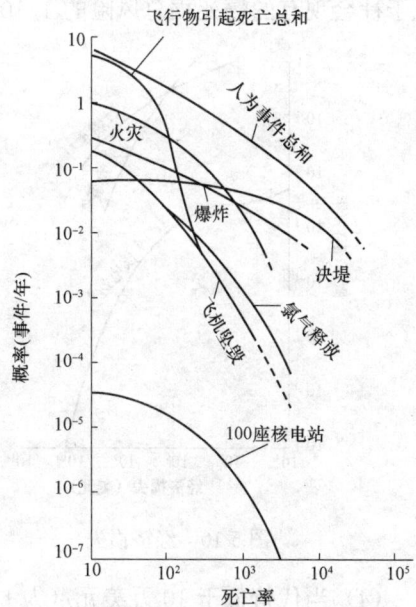

图 5-9　人为事件引起人员死亡的频率

五、事故序列定量分析

核安全风险评价标准是从事故后果出发研究的。事故发生时会有大量的放射性物质释放，可能会引起人员早期或延迟健康影响或者社会恐惧，严重的后果是急性死亡和延期癌症死亡。因此，以致死危险度作为个人风险评价标准，以致死人数和发生事故频率作为社会风险限制是研究方向，以使风险评价可以与其他非核的人为风险和自然风险评价进行比较。

1990 年，依据日本原子弹爆炸幸存者观察资料，国际辐射防护委员会（International Commission on Radiological Protection，ICRP）发表的第 60 号出版物"国际放射防护委员会 1990 年建议书"认为，工作人员全部癌症额定危险度系数为 $4\times10^{-2}Sv^{-1}$，居民（包括儿童）的全部癌症额定危险度系数为 $5\times10^{-2}Sv^{-1}$，职业性照射的剂量限值 5 年内平均每年 20mSv，但任何一年不超过 50mSv，第 60 号出版物规定数值比 1977 年的第 26 号出版物高 2～3 倍。按照人们对辐照忍受程度，可将其分为不可接受、可耐受、可接受 3 个等级。第 60 号出版物分析指出，对工作人员终身剂量相当于 1.0Sv 时，各项指标处于可耐受的上限，按照当时人均寿命 70 年计算，其平均年有效剂量相当于 14mSv，这代表经常性职业照射的一个刚可耐受的点。整个防护体系宗旨是把剂量水平控制在可以合理达到的低水平。

在讨论核电站安全定量风险标准时，有两个公认的准则：①新系统带来的社会风险应低于社会现有风险水平；②新系统带来的利益越大，允许带来的风险也越大。图 5-10 所示为经济损失。

在确定核电站个人风险和社会风险时，应考虑疾病死亡率、自然灾害死亡率等各种因素，并绘制相关模型，利益—风险模型如图 5-11 所示。美国核管理委员会（USNRC）1982 年提出了核电站定量安全目标方案，具体如下：

（1）核电站堆芯熔化事故概率低于 10^{-4}/（堆·年）。

（2）核电站场区的个人或集团，因事故受到的急性死亡风险，低于社会现有急性死亡事故风险的 1/1000。

（3）核电站周围区域（25km 以内）的个人或集团因核事故受到的癌晚发死亡风险，应低于社会现有的癌死亡总风险的 1/1000。

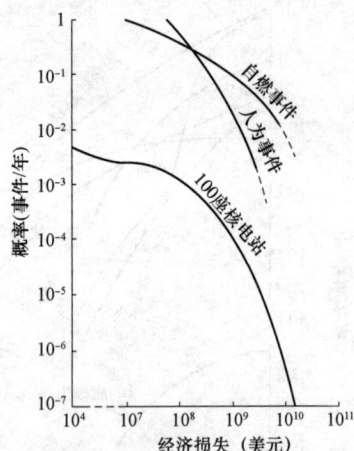

图 5-10　经济损失

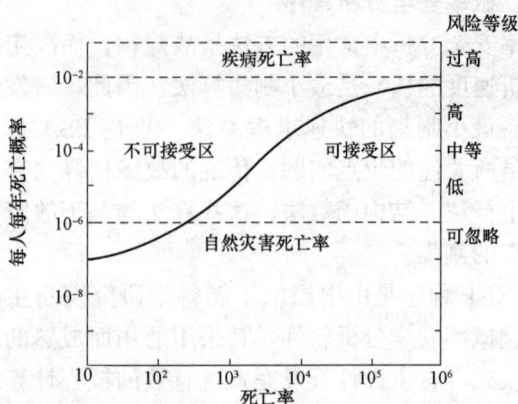

图 5-11　利益—风险模型

（4）当代价低于 10 万美元/（人·Sv）时，就应进一步采取安全措施。

美国现有急性死亡事故风险水平为 6×10^{-1}/（人·年），癌症死亡的风险水平为 1.3×10^{-3} 死亡/（人·年），根据上述安全定量的目标，核电站事故风险水平，无论是早期急性死亡还是晚期致癌死亡，其风险值取 10^{-7} 死亡/（人·年）是满足的，这是目标值。

各国对核电厂内潜在事故提出了自己的评价标准，厂址内潜在事故总风险评价标准见表 5-2，表 5-2 同时适用于厂址边界外公众最大死亡的风险概率。

表 5-2　　　　　　　　　　　　　厂址内潜在事故总风险评价标准　　　　　　　　　　单位：（人·年）$^{-1}$

标准来源	早期死亡		延迟癌症死亡	
	限值	目标值	限值	目标值
国际辐射防护委员会	10^{-6}		10^{-5}	
阿根廷核管会标准	10^{-6}		10^{-6}	
澳大利亚新工业安装建议导则				
新南威尔士计划部门	10^{-6}			
西澳大利亚环境保护当局	10^{-5}	10^{-4}		
荷兰政府 外部安全部门	10^{-5}	10^{-3}		
联合王国 保健安全部门	10^{-4}	10^{-4}		
王室社会研究组	10^{-4}	10^{-4}		
联合国核管会安全宗旨	5×10^{-7}		5×10^{-6}	

澳大利亚核科学与技术协会的 Higson 于 1990 年提出了核安全评价标准框架。他认为对核电站特定的风险期限值为 10^{-5}/（人·年），目标值为 10^{-6}/（人·年）。Higson 认为超过限值是不可接受的，低于目标值的风险是微不足道的。用于工程系统和安全功能评价应取目标值的 10%，即 10^{-7}/（人·年）。工作人员限值为 10^{-5}/（人·年），安全目标应放在自然界辐

射本底照射相当风险水平；边界外规定范围内公众限值应严于工作人员，但不应低于自然界辐射本底的风险，因此 10^{-5}/（人·年）是合适的，目标值可定为 10^{-6}/（人·年）。这一标准包括了延迟效应，比别的工业要安全。

Higson 提出的推荐标准较为合理（见图 5-12），致死人员为 100 时的可忍受点的风险概率为 5×10^{-6}/（堆·年），其目标值为 10^{-7}/（堆·年）；致死人员为 1 时的限值约为 8×10^{-4}/（堆·年），目标值约为 2×10^{-5}/（堆·年）。

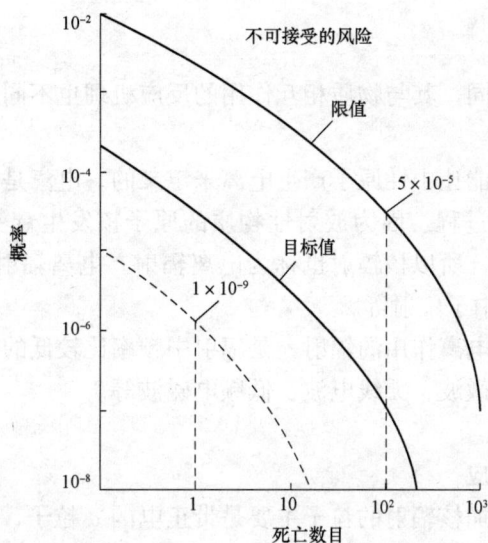

图 5-12　Higson 建议的社会风险标准

思 考 题

1. 风险是如何定义的？

2. 核电厂安全分析方法有哪两类？

3. 确定论安全分析的基本思想是什么？

4. 概率安全分析的基本思想是什么？

5. 核电站事故分析的四项基本假设分别是什么？

6. 什么是设计基准事故？

7. 核电厂运行及事故工况主要可以分成哪四类？

8. 什么是单一故障准则？

9. 设计上如何避免单一故障？

10. 确定论安全分析模型有哪些？

11. 什么是失流事故？

12. 核电厂的概率安全分析可以分成哪三个等级？

第六章　核电站辐射防护与废物处理

第一节　核辐射及其效应

一、辐射的类型

由于辐射本身能量不同，其与物质相互作用的反应机理也不同，辐射可划分为电离辐射和电磁辐射两种类型。

电离辐射是依据射线能让中性原子产生电离来定义的。电离是指让不带电的物质在射线的作用下变成带电物质的过程。因为放射性物质的原子核发生衰变时释放出的射线能量较高，可以使物质发生电离，所以核辐射也称为电离辐射。电离辐射主要的种类有 α 射线、β 射线、X 射线、γ 射线和中子辐射等。

电磁辐射是不会产生电离作用的辐射，是辐射中频率比较低的部分。具体按照频率从高到低有可见光、红外线、微波、无线电波、低频电磁波等。

核辐射属于电离辐射。

二、核辐射的物质效应

在核电站范围内，参加核辐射的粒子主要是带正电的 α 粒子、带负电的 β 粒子、γ 射线（光子）和不带电的中子。被辐照物质仅局限于生物形式（包括人体）和用于辐射防护的惰性物质，粒子或射线与物质的作用主要表现出下列几种效应。

1. 由电子引起的激发和电离

当物质受到 β 粒子（电子）的照射时，产生的效应与它入射时的能量有很大关系。如果进入物质的电子能量非常低，它仅仅在物质中移动，而对物质的分子的影响很小；如果入射的电子能量较大，它就将能量传递给原子中的电子，使电子激发到较高能态，或产生电离，接着发生光的发射。例如，当重元素中的内部轨道上的电子置换时，所产生的高能射线就是 X 射线。

核反应堆中的 β 粒子具有 $0.01 \sim 1.0 \text{MeV}$ 范围的能量，它穿越物质时能产生大量的电离。粗略的近似计算认为，产生一个离子对约需 32eV 的能量，随着物质的每次电离，β 粒子损失其能量并最终停止。β 粒子所走的路程被称为射程，实验发现，射程正比于 β 粒子的能量，反比于所穿越物质的密度。如果 β 粒子的能量 $E > 0.8 \text{MeV}$，射程计算近似为

$$R = \frac{0.55E - 0.16}{\rho} \tag{6-1}$$

式中　R——射程，cm；

$\quad\quad E$——β 粒子的能量，MeV；

$\quad\quad \rho$——被照射物质的密度，g/cm^3。

由此可见，β 粒子在液体和固体中的射程仅为几毫米，在空气中仅为几米。

2. 被重原子慢化的带电重粒子

由于带电粒子（如质子、α 粒子）或离子（如裂变碎片）比电子重得多，所以把它们归

入重粒子。如果入射的能量相同，它们的运动速度比电子小得多，因为质子与电子的质量比为 1836，在相同能量下其速度比为 0.0233，其动量比为 42.85，所以在运动中重粒子不易发生偏转。

带电重粒子在物质中由于同原子中电子的静电相互作用会慢化下来。重粒子在损失其能量的同时，电子获得能量被跃迁。因此，重粒子通过物质时会有大量的电离产生。随着重粒子能量的衰减，最后在射程内停止，这一射程比电子的射程短得多。例如，一个能量为 2MeV 的 α 粒子在空气中的射程为 1cm。若假定纸的密度是空气的 1000 倍，则 2MeV 的 α 粒子就可被厚度为 0.001cm 的纸挡住，或被人的皮肤挡住。因此，α 粒子的防护并无多大困难。

3. 被核散射的带电重粒子

高速带电粒子遇到非常重的带电原子核时，由于两个粒子的排斥，迫使入射粒子改变运动方向，沿着双曲线方向继续运动，即入射粒子被散射。除非入射粒子的能量非常高，且能进入核力的范围内，否则它能引起核反应的概率非常小。当然并不排除它被散射后又遇到另一原子的电子，并引起电离的可能性。

4. γ 射线与物质的作用

γ 射线（光子）与物质的作用有三种主要过程。

（1）光子－电子散射。光子与电子碰撞之后，电子被迁移产生电离，光子改变运动方向并成为低能光子。

（2）光电效应。光子从原子中击出一个电子，留下带正电的离子，但光子本身被吸收而消失。

（3）生成电子－电子对。当光子撞击在原子核上时，光子消失，却出现两个粒子——一个电子和一个正电子。但生成电子对的相互作用，要求 γ 射线有较高的能量（$E >$ 1.02MeV）。

γ 射线不同于 α 粒子、β 粒子，具有某些入射能量的 γ 射线能穿越任一厚度的物质。由于 γ 射线没有确定的射程，故通常用 γ 射线在物质中的衰减程度来描述其特性，用半衰程（即 γ 射线的强度衰减一半所走过的距离）来表示。

5. 中子的辐射损伤

当高能中子撞击到水分子中的氢原子时，发射出一个质子，引起水的化学离解，这种类似效应也发生在生物组织的细胞分子中。这种效应称为初级辐射损伤。

经过多次碰撞后，中子能量变得非常低，这时它很容易被吸收。如果它被水分子或碳氢化合物中的质子所俘获，就会释放 γ 射线，于是化合物再一次发生离解，这种离解被认为是一种次级辐射损伤。

三、核辐射的生物效应

生物包括各种各样的植物和动物，而植物和动物又都是由细胞构成的。运动粒子和射线与生物物质相互作用的各种方式，也体现在生物效应方面。由于有机体是由许多细胞、组织和器官组成的，虽然一个原子的扰动似乎微不足道，但是许多粒子或射线的辐照则可以改变细胞群，因而影响整个系统。虽然有机体系统有调节和恢复能力，辐射损伤通常被认为是一种累积效应。

射线对人体的伤害是通过内、外照射两种途径引起的。环境辐射是外辐射，当放射性物质通过呼吸、饮食及皮肤破损处进入人体内部时则造成内照射。辐射对人体的危害可分为躯体效应和遗传效应两种，前者表现在本人身上，后者则出现在后裔身上。躯体效应又可分为急性效应和远期效应，急性效应是在短时间内受大剂量照射时发生的；远期效应是受到低剂量照射后经过一段时间的潜伏才出现。

急性全身照射下的辐射生理效应见表 6-1。由表 6-1 的数据可知，照射剂量低于 0.25Sv 时，无明显的临床表现；剂量达 1Sv 时对人体的损伤也是很轻微的。只有在高剂量的情况下才会出现明显的生理效应。

表 6-1   **急性全身照射下的辐射生理效应**

剂量当量/Sv	人体的损伤反应
0～0.25	没有可觉察的临床效应
0.25～1.0	短暂地出现轻微的淋巴细胞和中性细胞的减少。可从事一般性工作，不一定有远期效应
1.0～2.0	恶心、疲乏，接受 1.25Sv 剂量的人可能出现呕吐。淋巴细胞和中性粒细胞减少，而且恢复缓慢。可能出现远期效应
2.0～3.0	第一天出现恶心、呕吐，假愈期两周或更长些。假愈期末出现食欲减退、周身不适、咽喉炎、出血斑、腹泻、消瘦。除非外源感染，一般在三个月后恢复健康
3.0～6.0	最初几小时出现恶心呕吐和腹泻，假愈期仅一周左右。第二周出现脱毛、食欲减退、周身不适、发烧，第三周有出血、大块出血斑点，口腔和咽喉发炎，腹泻和消瘦。某些人死于第 2～6 周。接受 4.5Sv 剂量时死亡率约为 50%。存活者于半年后恢复
6.0 以上	最初几小时出现恶心呕吐和腹泻，假愈期很短。约第一周末就出现腹泻、出血、紫癜、口腔和咽喉炎、高烧、消瘦。几乎 100% 死亡

从生物学观点来看，人是由许多特殊器官和组织构成的复杂生物系统。这些器官和组织，例如神经、肌肉、血液、骨骼、皮肤等是由大量细胞组成的，细胞核是细胞的控制中心。在细胞核中有染色体，其由 DNA（即脱氧核糖核酸）的分子组成，DNA 与生物的遗传和变异有极密切的关系。如前所述，辐射会产生电离，细胞中的水可能转变为自由基，如 H、O、HO、H_2O、H_2O_2。由于体内含有大量的水，大部分辐射效应起源于这些产物的化学反应。除此之外，还会发生直接的辐射损伤，也就是伤害控制生长和生殖的 DNA。

受辐射的组织不同，生理效应差别也会很大，穿透能力低的 α 粒子，仅使皮肤接受一些辐射剂量，并不会造成严重危害；容易穿透组织的辐射（如 β 射线、γ 射线和中子）能危害身体的许多要害部位，例如造血组织的骨髓、生殖器官和眼球晶状体，消化道和肺部对吃进或吸入的放射性物质的辐射很敏感。

四、辐射的常用计量单位

1. 辐射源放射强度

辐射源放射性强度的专用单位是居里（Curie，Ci）。将任何放射性同位素在单位时间内衰变 $3.7×10^{10}$ 个原子核（即衰变 $3.7×10^{10}$ 次）定义为一个居里。由此可见，居里代表着衰变的次数，表示了辐射源的强度。

2. 照射量

放射性的照射量是用于描述 X 射线或 γ 射线产生的辐射效应的，是它们对产生电离大小的一种度量，其专用单位是伦琴（Roentgen，R）。将标准状态下 $1cm^3$ 干燥空气的质量

（即 0.00129g）在 X 或 γ 射线作用下产生总电荷为一个静电单位（即 3.333×10^{-10} C）定义为 1R，即

$$1R = \frac{3.333 \times 10^{-10} C}{0.00129g} = 2.58 \times 10^{-4} C/kg \qquad (6-2)$$

3. 辐射吸收剂量

辐射吸收剂量用来描述单位物质吸收任何电离辐射的能量，单位是焦耳每千克（J/kg），法定单位的专门名称为戈瑞，用符号 Gy 表示。

4. 剂量当量

生物在不同射线或粒子作用下，即使吸收能量相同，但所产生的生物效应也会有较大的差别。例如快中子或 α 粒子产生 1Gy 的辐射损伤，远大于由 X 或 γ 射线同样剂量产生的损伤，由于重粒子在单位距离内能量损失大、产生的电离密度高，所以通常重粒子比光子产生的辐射生物效要大。

反映能量吸收生物效应的专用单位是希沃特（Sv），这就是剂量当量（DE），DE 有时也称为相对生物效应。吸收剂量（D）可用品质因数（QF）折算到剂量当量（DE），即

$$DE = D \times QF \qquad (6-4)$$

式（6-4）表明，剂量当量与吸收剂量有相同的单位。粒子或射线的品质因数见表 6-2。

表 6-2 　　　　　　　　　　　　　粒子或射线的品质因数

射线或粒子	品质因数 QF	射线或粒子	品质因数 QF
X 射线或 γ 射线	1.0	热中子	3.0
β 粒子（能量大于 30keV）	1.0	快中子、质子、α 粒子	10
β 粒子（能量小于 30keV）	1.7	重离子	20

由于辐射损伤是一种累积过程，故组织的长期辐射效应可用剂量率来表示（即能量吸收的速率），剂量率是个功率单位。

五、辐射剂量的监测

为确保核电站操作的安全，避免工作人员遭受过度的辐射剂量，必须严格监测辐射所在地的辐射剂量和单位时间内的吸收剂量率，以及工作人员暴露于辐射环境下所吸收的剂量或剂量率。核电站的辐射监测主要包括下列几个方面。

1. 核电站周围环境的辐射监测

核电站周围的环境中可能存在着危险性的放射源，故必须测定大气、水和地面的放射性强度。通常利用盖革-弥勒计数器（即 G-M 或 Geiger-Muller 计数器）或其他仪器测定空气中的 γ 及 β 放射源的放射性强度及数量，在超过规定限度时即发出信号或音响，警示核电站安全工程师或技术人员应做适当的处理。用作反应堆冷却剂的水，通常经过放射性废料处理后排泄到厂外的河流或水道内，因此必须利用辐射监测仪器测定河流或水道系统内的放射性污染情况及累积的辐射数量。同时需定期抽样分析土壤、地面植物及河流内的生物污染的情况，以保护环境。

2. 置换设备的辐射监测

对反应堆系统置换下来的设备和仪器，搬运或处置前必须对其辐射大小进行检测，以根据放射性污染的程度决定采取的处理措施，确保工作人员安全并避免环境遭受污染。主要用

闪烁计数器或电离室计数器来检测 α 粒子的存在和辐射的强弱；用盖革-弥勒计数器检测剂量率小于 5×10^{-5} Gy/h 的 β 及 γ 射线，由电离室检测剂量率大于 5×10^{-5} Gy/h 的 β 及 γ 射线；用电离室检测操作工具、工作人员的服装或工作人员暴露部分的 β 及 γ 射线的强度或剂量；用比例计数器检测热中子，闪烁计数器检测热中子及快中子，电离室检测快中子。

3. 工作人员的辐射剂量检测

在进入安全壳等具有较大放射性的场所工作时，工作人员应佩戴放射性计量检测仪，以测定其所承受的辐射剂量，常用的检测仪是袖珍检测仪（一种钢笔状的小型电离室）和乳胶胶片徽章。袖珍检测仪用于检测工作人员每天暴露于放射性环境中所吸收的辐射剂量；乳胶胶片徽章是一种感光胶片，在被 α 粒子、质子、快中子及慢中子照射后，感光胶片变为黑色，由此来记录这些粒子的累积剂量。

此外，还用手持式盖革-弥勒计数器为离开放射性工作场地的工作人员检测其手脚等部位的放射性剂量。若发现辐射剂量超过全身所允许的水平，必须立即做紧急处理，确保工作人员的健康，并避免工作人员将放射性污染物带入洁净的环境。

随着技术进步和环境保护要求的提高，各种方便、精确的放射性检测仪器不断出现，为确保核电站及周围环境的安全提供了可靠的监测。

第二节　压水堆核电站的核辐射

一、安全壳内辐射源

当压水堆核电站带功率运行时，安全壳内有三种主要辐射源：由核裂变直接产生的裂变中子、结构材料活化后释放的 γ 射线及冷却剂中的放射性。

中子是由堆芯的裂变过程直接产生的，其中高能中子（$E > 1$ MeV）约占总发射中子的 2/3，热中子（$E \leqslant 0.625$ eV）主要由快中子慢化产生的。

γ 射线是在活性区和结构材料内产生的，活性区内的 γ 射线包括裂变、中子俘获和中子非弹性散射过程的 γ 源。活性区附近区域的次级 γ 射线是由结构材料的中子俘获而产生的。

冷却剂内的氧俘获中子经 ^{16}O (n, p) ^{16}N 反应而形成 ^{16}N。^{16}N 同位素的半衰期为 7.11 s，衰变时放出能量高达 6.13、7.12 MeV 的 γ 射线。压水堆停堆后，活性区内或其附近材料的感生放射性成为安全壳内的重要放源。在这一回路中，腐蚀产物或其他杂质在冷却剂流动时被带到堆内，经中子的辐照成为放射性物质，压水堆一回路设备的材料采用不锈钢，所感生的放射性物质主要有 ^{56}Ma、^{58}Co、^{59}Fe、^{60}Co 和 ^{65}Ni 等，其中 ^{60}Co 寿命最长（半衰期为 5.3 年）、影响最大。被活化的腐蚀产物往往沉积在易堆积杂质的地方，或沉积在热负荷较高的传热表面，因此这些地方的剂量率很高。

裂变反应过程会产生大量的放射性裂变产物。当燃料元件的包壳有破损时，裂变产物（主要是气体）透过包壳的破损进入冷却剂系统；有些裂变产物如氚也可以通过包壳扩散出来。此外，由于压水堆核电站采用氧化铀陶瓷燃料芯块，尽管采取十分严格的组装工艺，但总有极少数燃料芯块产生的粉末黏附在燃料棒的包壳表面。这些粉末中可裂变同位素裂变后的产物进入冷却剂系统，所以在冷却剂中也会有微量的裂变产物。

二、安全壳外的辐射源

安全壳外的化学和容积控制系统、硼回收系统等一回路系统，以及三废处理各系统的设备和管道，由于冷却剂和腐蚀产物被活化或者含有裂变产物（如元件破损）而带有放射性。由于从冷却剂系统排放出的冷却剂通过下泄管道和再生热交换器降温，再通过混合床离子交换器去除放射性，所以，净化离子床及过滤器为最强的辐射源。

第三节 辐射的防护和控制

一、核电站的防护

1. 防护措施

核能和平利用的基本要求是保护生物体免受辐射照射的危害，因此应采取积极的措施来消除放射源，或被动地尽可能离开放射源，或在放射源与人体之间设置某种阻挡隔离层。下面列出几种辐射防护措施。

（1）尽可能避免产生具有较强辐射的同位素。例如，通过去除或减少结构材料和冷却剂中易受活化的杂质，将反应堆运行中产生的附加放射源降到最低限度。

（2）确保任何带放射性的物质都装在容器内或包容在设有防扩散的多层隔离层的空间。将具有放射性的废物封存在金属或其他不渗透材料制成的单层或多层容器内，并将核反应堆和化学处理设备安装在密封的建筑物中。

（3）在辐射源和生物体及环境之间加屏蔽层。

（4）利用辐射源强度与距离平方成反比的特性，严禁接近辐射危险区。

（5）采用稀释法将含有放射性的气体和液体用大量的空气或水稀释，降低有害物质的浓度后再排放。

（6）限制工作人员在辐射区内的滞留时间，减少接受的累积剂量。

（7）放射性包容。让源项物质都在它所应处的范围内，避免不当散播。

总之，可以利用滞留和分散的方法，通过放射性物质的自然衰变和浓度稀释来降低放射性的强度，同时通过距离防护、屏蔽防护和时间防护等来减小接受的辐射剂量。

2. 距离防护

实验发现，离辐射源的距离越大，感到的辐射强度越小，辐射强度与离辐射源距离的平方成反比。如果我们将辐射当作一个点源，并且单位时间内各向同性地发射出 S 个粒子，则距该点 R 的球面上的辐射通量为

$$\Phi = \frac{S}{4\pi R^2} \tag{6-6}$$

基于这一原理，在实际工作中应尽可能远离辐射源，并尽量使用远距离操作工具。同样，在事故情况下，应尽早撤离辐射现场（沾染区）。

3. 时间防护

吸收剂量除了与辐射通量、辐射能量和吸收截面积等有关外，还正比于受辐照时间。时间防护就是通过缩短人和辐射源接触的时间，来减少辐射吸收剂量。在实际工作中，如果用距离防护仍不能避免接受辐照时，可用时间防护减少吸收剂量。例如，采用轮班作业的方式，使每位工作人员的吸收剂量均在允许的范围内。

二、核电站的屏蔽

核电站按纵深防御的原则设置多层放射性屏障，使放射性物质严格控制在反应堆厂房

内，保护工作人员和周围环境的安全。压水堆核电站除燃料棒包壳和压力壳起放射性屏蔽作用外，还专门设置热屏蔽和生物屏蔽两大类放射性屏蔽层。

热屏蔽设置在被防护设备的周围，专门用以防止压力壳、生物屏蔽吸收来自活性区的快中子和 γ 射线的辐射能量产生的过高温升。热屏蔽用对 γ 射线吸收力强、导热性能好、熔点高的不锈钢制成，它是一个圆柱形筒体，吊挂在压力壳内吊篮筒体的外壁上，以屏蔽由堆芯穿出来的中子流和 γ 射线，以减少压力壳可能受到的辐射损失。

生物屏蔽主要是为了防护工作人员免受过量的辐照，保证有关设备和仪表能安全可靠地运行。压水堆的生物屏蔽具体分为一次屏蔽、二次屏蔽、辅助系统屏蔽和工艺运输屏蔽。

1. 一次屏蔽

一次屏蔽是用来屏蔽压水堆活性区的屏蔽层。其由堆内构件（如压水堆中的围板、反射层、吊篮、热屏蔽）、压力壳，以及铁－水、铁铅－水或重混凝土等生物层构成，其作用是减弱来自反应堆的核辐射，使一次屏蔽外表面的剂量水平达到规定的允许标准。生物屏蔽的常用材料是混凝土或重混凝土，其优点是使用方便、价格便宜，缺点是导热性能较差。

2. 二次屏蔽

二次屏蔽是包围着一回路系统各主要设备间的屏蔽层，主要用来防护来自冷却剂中的 γ 辐射，并作为一次屏蔽的补充，继续减弱由一次屏蔽中逸出的中子和 γ 辐射。一般采用单个屏蔽。

二次屏蔽一般用普通混凝土制成，其厚度由压水堆冷却剂的活化放射性来决定，以保证压水堆满功率运行时工作人员可以有限制或不受限制地进入反应堆厂房内某些地方。

3. 辅助系统屏蔽

辅助系统屏蔽是为了防护来自压水堆各个辅助系统，如化学和容积控制系统、停堆冷却系统、硼回收系统、取样分析和放射性废物处理等系统中的各种核辐射，也是采用单个屏蔽。其中，热交换器、离子交换器、泵和储存箱等是需要屏蔽的重点设备。

4. 工艺运输屏蔽

工艺运输屏蔽主要是对废燃料组件有关操作的屏蔽。废燃料组件含有大量的裂变产物，放射性强度极高，在从堆内取出、通过燃料运输管道进入废燃料储存池，以及装入运输容器、运往废燃料处理工厂等操作中，均需提供屏蔽。在这些操作中，废燃料组件的提出和运输操作是在充满含硼水的换料池内进行的，有一定深度的含硼水可以提供足够的辐射防护，燃料运输管道和废燃料池周围的混凝土墙是水屏蔽层的补充，以保证墙外各工作区内的剂量水平低于规定的允许标准。换料水池的含硼水及混凝土墙不仅作为提取和运输活化了的反应堆控制棒组件，还作为对内构件等强放射部件的屏蔽层。废燃料组件运出厂房时需用有屏蔽及冷却设备的运输罐。

第四节　核电站放射性废物的处理与处置

一、概述

重元素在中子轰击下产生裂变，在释放核能的同时，产生的裂变碎片大多具有极强的放射性，它们的半衰期为几分之一秒到几千年。反应堆及系统设备的结构材料、冷却剂在辐射环境中会产生放射性活化，也具有极强的放射性。放射性源除对周围环境直接产生辐射危害外，还会产生很大的衰变热，但还没有方法将这些放射性裂变产物转变成无放射或惰性物质。因此，人们在利用核能的同时，面临着处理这些核电站放射性废物的严峻任务。

核电站废物处理遵循缩小污染范围、浓缩储存和稀释排放的基本原则。在核废料排放和重新使用前，必须进行收集和处理，然后按国家规定的环境排放标准进行排放，废液排入河海，废气排向大气，固体废物压缩后装桶储存。压水堆核电站的放射性废物的处理与排放主要通过核岛排气和疏水系统、废气处理系统、硼回收系统、废液处理系统、废液排放系统和固体废物处理系统进行。核电站废物处理系统关系如图 6-1 所示。

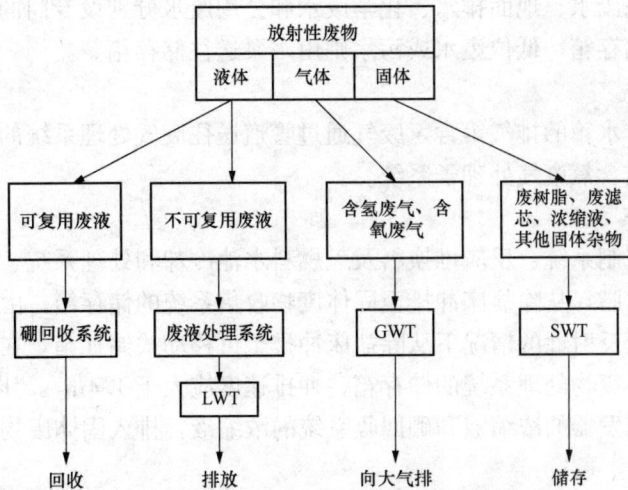

图 6-1 核电站废物处理系统关系

1. 液体排放物

液体排放物主要来自一回路系统的稳态和瞬态排水以及工艺排水、地面排水、化学废水和公用废水。其中一回路系统排水中未被空气污染的排水、含有氢和裂变产物的反应堆冷却水，经处理后可回收利用；一回路系统中暴露于空气的排水、低化学成分的放射性工艺水、被化学物质污染并可能具有放射性的化学废水等不可以回收利用，这部分水被送至废液处理系统处理。

2. 气体排放物

气体排放物分为含氢废气和含氧废气两种。含氢废气是由稳压器的卸压箱、化学和容积控制系统的容积箱、硼回收系统的前置储箱和除氧器排出的气体，这些气体中含有氢、氮和裂变气体，送往废气处理系统，储存衰变后排至大气。含氧废气是来自一回路厂房的通风和通大气的各种水储存箱的气体。这些气体仅被轻度污染，送至废气处理系统处理，稀释后排向大气。

3. 固体排放物

固体排放物主要来自各种处理系统，表现为废树脂、蒸发器的浓缩液、过滤器的失效滤芯以及被放射性严重污染的零部件、工具和各种现场防护用品，这些废物经固体废物处理系统处理后储存。

二、核岛排气和疏水系统

核岛排气和疏水系统用于收集核岛产生的全部气体、液体和固体排出物，并就地进行分类，然后将各类排出物送往相应的处理系统。在失水事故后，可将收集在核辅助厂房和燃料厂房中的高放射性废液再注入反应堆厂房。

1. 废水收集系统

废水收集系统分为可回收和不可回收两路收集管网。可回收收集管网将一回路系统稳态运行时的过剩下泄排水、压力壳的密封水、主泵的轴封水、稳压器卸压箱的间断排水以及其他未被空气污染的一回路排水，按水温高于或低于 60℃ 分类处理，低于 60℃ 的水直接送至冷却水排水箱，其余经冷却后再送往排水箱。此外，在机组启停、负荷变化过程中由一回路平均温度改变产生的瞬态下泄排水，以及硼浓度改变产生的排水送往硼回收系统的前置箱。

不可回收的工艺废水、地面排水、化学废水和公用废水分别设专门的收集管网，有压力或高位排水自流到储存箱，低位废水或污水则由水泵送往储存箱。

2. 废气收集系统

一回路冷却剂排水箱的排气等含氢废气通过管道送往废气处理系统的缓冲箱；含氧废气送至废气收集系统的含氧废气处理子系统。

3. 固体废物收集系统

由化学和容积控制系统、反应堆换料及乏燃料水池冷却和处理系统、硼回收系统、废液处理系统产生的废树脂，从除盐床冲排至固体废物收集系统的储存箱。由核岛除盐水分配系统产生的废树脂在低反射性的情况下从除盐床冲排至可移动式储存箱，在异常放射性情况下从除盐床冲排至固体废物处理系统的储存箱，冲排速度应大于 1.4m/s，以避免树脂沉积。

废液处理系统蒸发器的浓缩液和硼回收系统的浓缩液，排入固体废物收集系统蒸发器的浓缩液储存箱。

安装在核辅助厂房的各钢筋混凝土屏蔽小室内的过滤器，在更换滤芯时，首先将过滤器与系统隔离并排水，利用专用工具通过生物屏蔽盖打开过滤器端盖；然后拿掉屏蔽盖，在开口的小室上放置铅罐，把过滤芯子拉入铅罐中，由运输设备送往固体废物处理系统。

大亚湾核电站两台机组每年平均产生废树脂约 34m³、废浓缩液约 50m³ 和废过滤器芯子约 220 只。

其他固体废弃物送往固体废物收集系统的压实机站处理。

三、废气处理系统

废气处理系统的功能是防止废气向环境泄漏，保护环境，使废气的排放剂量符合国家环境保护允许的水平。该系统分为含氢废气处理子系统和含氧废气处理子系统两部分。废气处理系统如图 6-2 所示，其主要由缓冲箱、压缩机冷却器和衰变箱，以及电加热器、活性炭碘吸附器等组成。

来自核岛的含氢废气首先进入缓冲箱，消除来气的压力脉冲后经压缩机压缩减小废气体积后排至衰变箱；冷却器用来冷却气体压缩所产生的热量。六个衰变箱的连接方式是一个进行重启，一个做衰变储存，一个做排放，其余三个备用。当废气过多时可充向三个备用衰变箱，也可以由压缩机将一个衰变箱中的废气转移到另一个箱中。充气和排气的衰变箱由主控室选择，充气的衰变箱压力达到 0.65MPa 时压缩机自动停止，排气的衰变箱压力降到 20kPa 时自动停止，以避免因压力过低时空气进入。在充气的衰变箱压力达到 0.47MPa 时发出信号以便准备空箱，压力由 0.47MPa 到 0.65MPa 约需 5h，正好是排放一个衰变箱的最快时间。由衰变箱排除的废气经碘过滤器排至烟囱。

冷却剂的放射性主要来自气态裂变产物（约占总放射性的 90%），排除废液的放射性又主要存在于含氢废气中。如果将含氢废气中的各种气态裂变产物按半衰期和产额（见表 6-3）

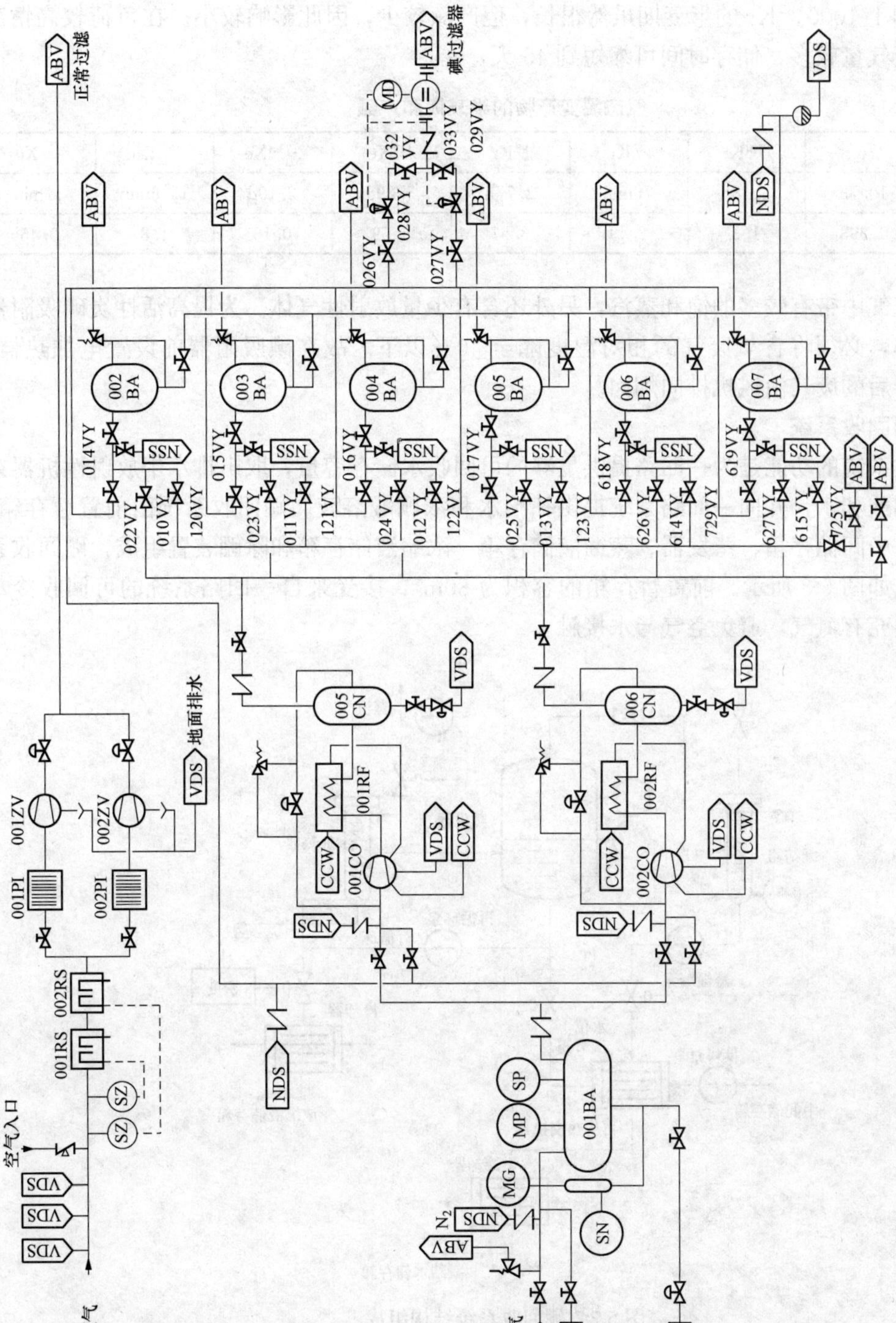

图 6 - 2　废气处理系统

加以比较，可以看出半衰期较长、产额较高的同位素是^{133}Xe，其他核素的半衰期均较短。所以将基本负荷运行时含氢废气储存时间定为 60 天，已超过^{133}Xe 的 10 个半衰期，其放射性已衰变到 1/1000。^{85}Kr 的半衰期虽然很长，但产额较少，因此影响较小。在负荷较高情况下，由于废气量较多，储存时间可缩短到 45 天。

表 6-3 　　　　　　　　　　　气态裂变产物的半衰期和产额

核素	^{85}Kr	^{85m}Kr	^{87}Kr	^{88}Kr	^{133}Xe	^{133m}Xe	^{135m}Xe	^{135}Xe
半衰期	10.7a	4.48h	76min	2.77h	5.29d	2.19d	15.6min	17min
产额（%）	0.293	1.3	2.49	3.57	6.59	0.16	1.8	5.45

含氧废气中带有较多的饱和蒸汽，另外还含有少量放射性气体。为提高活性炭碘吸附器的工作效率，必须将含氧废气的相对湿度降至 40% 以下。故在碘吸附器前设置电加热器，经碘吸附器后的废气由风机排向烟囱。

四、硼回收系统

硼回收系统的功能是为一回路提供足够的可回收水储存容量，取出排水中放射性机器杂质、分离硼酸和水，并向一回路系统提供补给水和浓硼酸溶液。硼回收系统由前置暂存箱、净化装置、中间储存箱、蒸发器、蒸馏液储存箱、浓缩液储存箱和除硼装置组成，硼回收系统结构组成如图 6-3 所示。前置暂存箱的容积为 80m³，接受来自一回路系统的可回收冷却剂，在箱内充有氮气，避免空气与水接触。

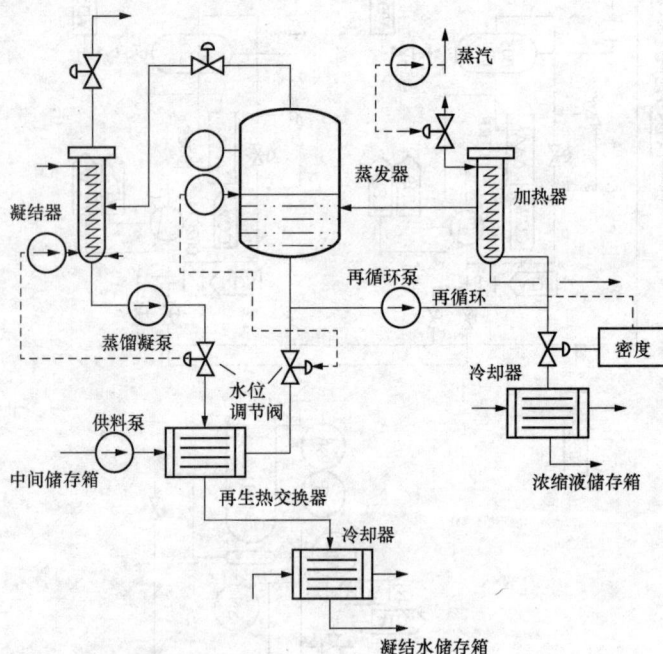

图 6-3　硼回收系统结构组成

前置暂存箱用来接收对应机组一回路排出的可复用的冷却剂。箱内采用氮气覆盖，其压力变化范围为 0.12～0.32MPa，以防止空气进入。为减少废气量，箱内氮气量保持恒定，不进行换气。

净化装置由过滤器、除盐装置和除气装置 3 部分组成。过滤器为除盐床和除气装置分别除去直径大于 $5\mu m$ 和 $25\mu m$ 的颗粒杂质；除盐装置采用离子交换除去排除液中粒子状态的裂变产物和腐蚀产物，达到降低放射性的目的；除气装置采用热力除去法去除溶解于水中的氢、裂变气体和其他气体。

中间储存箱为一回路系统提供足够的冷却储备容量。大亚湾核电站设有三个容积为 $350m^3$ 的中间储存箱。中间储存箱的顶部与含氧废气处理系统连续排气。

蒸发器的作用是将一回路的排水分离成含硼量低于 $5\mu g/g$、含氧量低于 $0.1\mu g/g$ 的蒸馏凝结水和含硼量为 $700\mu g/g$ 的浓硼酸溶液，并将其分别送往蒸馏液储存箱和浓缩液储存箱。供料泵将中间储存箱的一回路排水经再生热交换器加热后送至蒸发器，蒸发后的蒸汽在凝结器中凝结成水，蒸发器中未蒸发的液体由再循环泵输到加热器中加热，然后重新返回蒸发器。凝结器中的蒸馏液经再生热交换器和冷却器冷却后送至凝结水储存箱。蒸发器中的浓缩液经冷却器送至浓缩液储存箱。蒸发器的进水量、蒸馏液和浓缩液的排放量均由对应容积的水位高度来控制。

浓缩液储存箱接收蒸发器底部的浓缩液，经取样检测当含硼量不低于 $7000\mu g/g$、含氧量低于 $0.1\mu g/g$ 且放射性符合标准时，送往硼和补给水系统的硼酸储存箱；否则，送往中间储存箱，或送往废液处理系统的排水箱，或固体废物处理系统的浓缩液储存箱。

除硼装置是由三台阴床离子交换器组成，其中一台专门用于蒸馏液的净化，另外两台用于化学和容积控制系统的除硼。在反应堆运行的燃耗末期，每台除硼床能将反应堆冷却剂排除的硼浓度由 $10\sim150\mu g/g$ 降到 $5\mu g/g$ 以下。

五、废液排放系统

废液排放系统用于收集核岛和常规岛排放出的放射性废液，对废液进行严格的监测，并有控制地向河海排放；同时，在环境释放能力不足、废液排放放射性超标等情况下储存放射性废液，必要时将这些不合格废液送至废液处理系统进行处理。废液主要来自常规岛的废液排放系统、蒸汽发生器的不可回收排污系统、核岛排气和输水系统、放射性废水回收系统、辅助厂房的固体废物处理系统和废物处理系统。

六、固体废物处理系统

固体废物处理系统的功能是收集机组产生的放射性固体废物或浓缩液，通过暂时储存做放射性衰变，压实可能压缩的固体废物，然后用混凝土或金属容器密封包装。

固体废物处理系统由废树脂处理站、浓缩液处理站、过滤器滤芯支承架装卸系统、装桶站、混合物配料站、最终封装站和压缩站组成。

浓缩液处理站由浓缩液暂存箱和浓缩液计量箱组成。为防止暂存箱中产生硼结晶，在暂存箱中设有电加热器，使箱中浓缩液温度保持为 $55℃$；计量箱用来计量和控制排放量。所有的管道均设有加热器做保温。

废树脂处理站由废树脂储存箱和计量箱组成。各系统的除盐床的废树脂由除盐水分配系统的水以 $1\sim2m/s$ 的流速冲到废树脂储存箱，过滤后的排水输到废液处理系统的工艺排水箱。

过滤器滤芯支承架由铅屏蔽容器进行运输。铅屏蔽容器是个在不锈钢壳内嵌 $10cm$ 厚铅的容器，其底部设有抽屉式拉板，其上部设有用于装卸过滤器滤芯支承架的吊车和抓具。在过滤器小室中将过滤器滤芯支承架转入铅屏蔽容器中，运输到装桶站上部的滤芯输送管座上，然后打开下部拉板将过滤器滤芯支承架放入装桶站内进行装桶。

装桶站是把浓缩液、废树脂和滤芯装入容器的场所。所有操作都是在铅玻璃屏蔽窗后面远距离进行的。装桶站由设在屏蔽走廊内的五个站组成。为目视监测所有的操作，每个站均设有操作控制台和屏蔽窗。在 1 号站与 2 号站之间设有空气闸门（外门 A），在 2 号站与装桶区之间设有屏蔽闸门（内门 B），以防止放射性产物和灰尘逸出。废物桶通过在弯曲轨道上行走的运输车从 1 号站送到 2 号站。运输小车可从 2 号站到 3、4、5 号站。1 号站用于空桶储存，在装桶前由运输车将空桶通过空气闸门送入 2 号站；2 号站将桶从运输车上吊到运输小车上，以便通过屏蔽闸门送入装桶区；3 号站将滤芯和湿混凝土混合装桶，并在振动台上振实；4 号站用于废树脂或浓缩液与干混合物一起经搅拌后装桶；5 号站用于滤芯从铅屏蔽运输容器内卸入桶内。

混合物配料站用于将干、湿混合物的配料（水泥、砂子、砾石和石灰）储存在 3 个标准容器内，标准容器安装在废物辅助厂房内进料斗和混合器的上方。物料从称量料斗送入混合器并进行混合，然后用料车送往核辅助厂房内装桶，或者用皮带输送机送往最终封装站封装。

最终封装站将装桶站送来的混凝土废物桶进行最后封桶和储存。由皮带输送机将湿混合物从配料站运到封装站灌入废物桶内，并用可伸缩的振动喷枪保证均匀充填。

压缩站用一台大力压力机将混杂的可压缩固体废物在金属桶内压缩，然后将废物桶送往核废料辅助厂房中存放。

七、放射性废物的处置

核废物的处置一般分为初期储存、中间储存、最终处置三个阶段。

一座大型核电站运行一年产生约 $4m^3$ 的高放废物和约 $100m^3$ 的其他长寿命废物。初期储存分为湿法储存和干法储存两种，湿法储存即把燃料组件储存于水池中，干法储存即把燃料组件（主要是重水堆和气冷堆）储存于容器、地窖、干井、地下仓库中。初期储存要保存一年以上。中间储存是指将废物固化后，将长寿命的高放废物放入监测的地表储存设施或接近地表的储存设施中，储存时间 20 年以上。如果核燃料不经后处理当作废物处理，则处置前初期储存期长一些是有利的。最终处置包括深地层地质处置和海床下处置，深地层地质处置要保证溶解在该地下水中的任何放射性核素不进入地表水源或食物链中，应选择一些干的、含水量极少的或地下水流动缓慢的岩石构造。

废物固化技术有水泥固化技术、沥青固化技术和玻璃固化技术。水泥固化的优点在于固化物的耐压性，固化物较密实，材料易得、便宜，处理简单，处理时间较短，产品抗热性好。与沥青固化相比，水泥固化体与水接触时，核素的浸出率高。水泥均匀固化对象是轻水堆核电站产生的浓缩废液、废离子交换树脂和滤渣。沥青固化应用的范围主要是化学泥浆、少量的离子交换树脂、再生液、焚烧灰、塑料，由于沥青高温变软和辐射后分解，因此沥青固化适用于低放废物的固化。玻璃固化是经过脱水过程、燃烧过程，以交流电通过熔化体来实现的。由电炉和气体净化设备所组成的系统，可用于实际高放废物的固化。

核废物的处置应有足够的能力，按照高的安全性和可靠性标准来建造和运行。

法国的核废物处置方法如下：核燃料先放在核电站的水池中冷却，将裂变产物溶液浓缩储存于可进行冷却的高度完善的不锈钢槽中，燃料元件的废包壳和端头被封装于混凝土中，裂变产物废液被玻璃固化，然后将玻璃封入不锈钢容器中，处理液体流出物产生的淤浆和废离子交换树脂被封填于沥青中；装有高放废物玻璃体的不锈钢容器放在空气冷却的储存库中，低、中放废物包装后都直接放入地面上有顶盖的处置库中。中间储存后，最终放置在地下处置库中。

综上所述，沥青固化易用于低放淤泥及低放液体，水泥固化适用于中放的液体及固体废物，玻璃固化适用于高放的液体和固体废物。以上方法主要用于核电站的核废物处理，但核废物主要有反应堆的退役、生产铀元件的废料、铀浓缩厂的退役、铀提取过程的废物、铀矿开发的废渣等。

只有把来自大自然的核素最终归还大自然，才能最终解决人与环境、人与自然的关系，才能切实保障核工业职工的身心健康，才能保证核能的进一步开发和利用。

思　考　题

1. 核辐射的类型有哪些？分别有什么特点？
2. 什么是核辐射的照射量？其专用单位是什么？
3. 在压水堆核电站中，安全壳内的辐射源主要有哪些？安全壳外的辐射源有哪些？
4. 核辐射的防护措施主要有哪些？
5. 压水堆核电站的放射性屏蔽有哪些？
6. 核电站的废气是如何处理的？
7. 核电站的废液是如何处理的？
8. 核电站的固体废物是如何处理的？

第七章　核电站典型事故分析与处理

第一节　核事故分析基本知识

1. 压水堆典型的运行工况

表 7-1 列出了压水堆的 6 种典型运行工况。

表 7-1　　　　　　　　　　　压水堆典型运行工况

序号	工况	有效增值系数 K_{eff}	热功率（不计衰变热）	冷却剂平均温度/℃
1	功率运行	≥0.99	>5%	≥180
2	零功率	≥0.99	≥5%	≥180
3	热准备	<0.99	0	≥180
4	热停堆	<0.99	0	$95 < T_{av} < 180$
5	冷停堆	<0.99	0	≥95
6	换料	<0.95	0	≥60

2. 安全功能

按法国实践，安全功能指反应性控制、余热导出、控制放射性释放。

按美国实践，安全功能指保护反应堆冷却剂系统压力边界的完整性，保证及保持安全停堆、控制放射性释放。

两者相比较，美国对安全功能定义的第一项强调了保护反应堆冷却剂系统压力边界的完整性，第二项包括了法国对安全功能定义的第一项及第二项。

3. 安全停堆

按法国实践，安全停堆所指核电厂工况为反应堆堆芯呈次临界、余热正在导出、安全壳的完整性得到保证并使放射性产物释放限制在允许水平时，维持这些工况所必需的系统正在其正常运行范围内工作。

在美国，按美国核管理委员会（USNRC）见解，安全停堆即冷停堆 93.3℃（200℉）；而按核工业界的见解，安全停堆即热停堆 176.7℃（350℉）。

4. 安全级设备

安全级设备指完成安全功能的设备。有些设备不直接完成安全功能，但如果没有这些设备，则安全功能不能完成，这些设备就是安全级设备。因此，一些安全系统的支持系统也是安全级的，例如设备冷却水系统及厂用水系统都是安全系统。

5. 安全重要物项

安全重要物项包括：

（1）误动作或故障会影响安全，影响安全级设备发挥作用。

（2）防止预期运行瞬变发展成事故。

（3）减轻建筑、系统、部件失效的影响。

以上3条中，（1）是最本质的，如泵房的天花板对安全不起作用，但如它塌下来砸坏了安全注射泵，就影响安全。

6. 安全级分类

安全级可分为5类，其中安全1级、安全2级、安全3级属安全级设备，安全4级、安全5级属安全重要设备（非安全级）。各级包含内容如下：

（1）安全1级：反应堆冷却剂边界。

（2）安全2级：堆心紧急冷却系统（emergency core cooling system，ECCS）、安全壳系统。

（3）安全3级：其他安全级系统，如设备冷却水系统。

（4）安全4级：燃料元件、高放射性废物。

（5）安全5级：常规岛（汽轮机、发电机）。

7. 单一故障

导致某个（某些）设备不能执行其预定的安全功能的一起偶发事件。

8. 能动部件与非能动部件

（1）能动部件。依靠触发、机械运动或动力源等外界因素而工作，因而能主动地影响系统工作过程的部件。如泵、风机、继电器、晶体管。

（2）非能动部件。此类部件内无运动部分，在执行其功能中仅承受压力、温度或流体流量的变化。此外，以不可逆的动作或变化为基础，其功能又极其可靠的某些部件也可以归入本类。如热交换器、管道、容器、建筑物等。

对于有些设备的归类是有争议的，如止回阀、弹簧安全阀、爆破膜。针对此类设备，解决办法是按可靠性分类，并做出相关规定。

9. 能动故障与非能动故障

（1）能动故障。能动部件发生故障，如泵不能启动、电动阀不能到达要求的位置。

（2）非能动故障。边界泄漏或流道阻塞（但不能完全失去安全功能）。注意泄漏不等于破裂，规定30min内泄漏率不超过200L/min。

10. 事故的短期阶段与长期阶段

（1）短期阶段。紧接着事故发生后的一段时间，在这段时间内核电厂系统实行自动保护动作，操作人员证实系统的响应；鉴定事故的类型并确定随后长期阶段中应采取的措施。

（2）长期阶段。在短期阶段之后的系统运行时间，在此阶段内要求系统发挥其安全功能，主要关心限制放射性释放及核电厂安全停堆工况，工作人员可能要进入安全壳，对损坏设备进行检修。

在法国实践中，短期阶段指事故发生后24h内，长期阶段指24h后。在美国实践中，短期阶段又称注射阶段（injection phase），在这阶段中，安全注射从换料水箱取水；长期阶段又称再循环阶段（recirculation phase），在这个阶段中，安全注射从安全壳再循环地坑取水。

第二节　失　流　事　故

一、失流事故定义

核动力反应堆是借助主循环泵输送冷却剂实现强迫循环来冷却的。核反应堆设置的冷却剂环路数目有多种,常见的有二环路、三环路或四环路,也有 2×4 环路的设计,即 2 条热管段(又称"热腿")和 4 条冷管段(又称"冷腿"),并包含 4 个主循环泵。

当反应堆功率运行时,主循环泵因动力电源故障或机械故障而被迫停止运行,使冷却剂流量减少,堆芯的传热能力降低,这就是失流事故。

在各种失流事故中,最常见的、最需要重点防止的是主泵失去电源。核电厂设计时对此有较多的考虑,以降低此类事故发生概率。主泵的第一选择电源是本厂发电机电源,当本厂发电机有故障时会自动接入主厂外电源(两个方向来的两路独立电源)。如果失去厂外电源(既不能输入功率,也不能输出功率),也不需要停堆,本厂发电机可继续低功率运行,向厂内负荷供电(称为孤岛运行)。主泵失电后,借助于泵轴上巨大的飞轮储存的能量,可维持较长时间惯性流量。

1. 失流事故分类

在核电厂安全分析报告中,应分析讨论的失流事故有:

(1) 部分失去反应堆冷却剂强迫流量(简称部分失流)。是指反应堆功率运行时,n 个主泵投入工作状态,不多于 $n-1$ 个主泵失去电源而惰走,使堆芯流量减少的事件。部分失流属 II 类工况。

部分失流事件有:①三环路核电厂满负荷运行时,1 个主泵失电或 2 个主泵失电;②在较低功率运行时(60%FP),2 个主泵投入工作,一个主泵失电。

(2) 全部失去反应堆冷却剂强迫流量(简称全部失流)。其分为以下两种情况:

1) 全部投入运行的主循环泵,同时失去电源,继而惰走。

2) 主泵由外电源供电,因电网故障而频率下降(一般假设 4Hz/s),使主泵受到很大的反力矩,以与外电源相同的相对频率减速。分析这一情况时,假设在达到停堆整定值时,一个主泵供电线路上的断电器未能打开。

全部失流属 II 类工况。

(3) 主泵泵轴卡死。假设一个主循环泵的轴突然断裂,使该泵失去动力,且转子储存的动能不能利用,属于 IV 类工况。对于主泵卡轴及主泵断轴这两个假想事故,多数分析中不做停堆的同时完整泵失电的假设,但按严格的分析方法来说,应做此假设。分析结果表明,假设完整泵在停堆同时失电,影响不显著。

2. 失流事故验收准则

(1) 燃料元件包壳的温度不得超过 1204℃。

(2) 包壳与水蒸气作用所氧化的包壳壁厚不得超过原壁厚的 17%。

(3) 同水或水蒸气发生反应的燃料元件包壳质量不超过堆内包壳材料总质量的 1%。

(4) 堆芯几何形态的变化应该限制在堆芯的可冷却的限度之内。

(5) 能对堆芯进行长时间冷却,以去除衰变热。

二、失流事故过程特征

失流事故的过程特征是由冷却剂流量下降和堆芯功率下降两方面因素决定的。冷却剂流量下降将使冷却剂的温度和压力升高、燃料元件包壳温度升高、系统参数变化,触发停堆保护系统,经过一定的响应延迟时间及控制棒下落至有效位置所需时间,堆功率开始下降。之后经历由燃料元件内部储能再分配造成的元件表面热流量下降的延迟,促使冷却剂温度与压力、燃料包壳温度越过峰值而下降,事故得到缓解。在全部主泵停止运行的情况下,系统内维持一定的自然循环流量带走衰变热。

(1) 对于Ⅱ类工况，具有如下特征：

1) 包壳表面最小 DNBR 大于 95/95 限值。

2) 一回路压力小于 110% 设计值。

3) 反射性后果按正常运行考虑。

(2) 对于Ⅳ类工况，具有如下特征：

1) 保持堆芯的完整性：包壳温度小于 1482℃，芯块截面平均焓小于 1170kJ/kg(280cal/g)。

2) 一回路压力小于 120% 设计值。

3) 反射性后果：厂内 2h 内，低人口区 8h 内甲状腺剂量低于 3000mSv，全身剂量低于 250mSv。

冷却剂流量下降将使冷却剂温度上升，元件表面的临界热流密度下降，表征偏离泡核沸腾裕度的 DNBR 也随之下降。如果堆功率下降过慢，燃料元件得不到足够的冷却，就会有过热损伤的危险。在失流事故的验收准则中，包壳表面最小 DNBR 或表面温度不超过限值最重要。冷却剂因温度升高而膨胀，将使一回路升压。一般来说，这一升压过程不严重，失流事故不会构成一回路压力超过抗超压能力的设计基准。在多数情况下，只需在做 DNBR 分析时，附带注意一下一回路压力变化。失流事故不破坏 RCS 压力边界，一般不需要计算放射性后果，只有当失流事故引起大量元件损坏，引起 RCS 放射性物质排放有很大增加时，才需要计算一回路向蒸汽发生器壳侧的泄漏，继而计算通过释放阀及安全阀排放至环境的反射性剂量。

三、分析失流事故的重要意义

为了减少失流事故，在核电厂设计中需要做很多考虑，许多参数的确定需要依据失流事故的分析。影响失流事故的主要因素有：①功率水平及功率不均匀因子；②停堆保护系统信号及延迟时间；③控制棒的下落速度；④泵转子的惯量；⑤蒸汽发生器与堆芯的高差。

上述影响因素中，限制功率水平尤为重要。对于一个核反应堆来说，功率的提高不是受中子动力学上的限制，而是受传热学上的限制，而且这限制不是因稳态运行时没有热工上的裕量，而是受到设计基准事件中验收准则的限制。从核电厂的事故分析来看，限制功率的事件是非常集中的，约有 85% 的压水堆核电厂受限于大破口失水事故过程中的燃料元件包壳温度，剩余 15% 受限于全部失流事件 DNBR 的限制，有相当一部分核电厂受此二者共同限制。大破口失水事故分析具有很大的保守性，计算得到的峰值温度与现实模型的分析结果相差极大。

若采取措施减少大破口失水事故包壳温度限制功率的核电厂，则大多数核电厂均将由失流事故的 DNBR 来限制功率。如何改进核电厂的设计，使之容易满足失流事故的验收准则，是核电厂设计中需要重点考虑的问题，如何准确分析失流事故，是审核核电厂是否安全的重要方面。

四、停堆保护信号

缓解失流事故的安全措施仅有停堆保护系统。以一个实际核电厂为例，列举与失流事故有关的停堆信号。

(1) 当功率大于额定功率的 10% 时，停堆信号如下：

1) 低流量信号（3 取 2 逻辑）于 2 个环路。

2）打开两个泵断路器（1取1逻辑）。

3）低-低泵速于2个环路（1取1逻辑）。

（2）当功率大于额定功率的30%时，停堆信号如下：

1）低流量信号（3取2逻辑）于1个环路。

2）打开1个泵断路器（1取1逻辑）。

由于保护系统的设计，当反应堆处于高功率时，保持有处于低功率时所具有的全部停堆信号，所以当功率大于30%额定功率时，也具有低-低泵速于2个环路的停堆信号。

此外，保护系统还设有电源母线低电压停堆信号（70%额定电压，2取1逻辑）和电源母线低频率停堆信号（约95%额定频率，2取1逻辑）。达到整定值的速度，电信号最快，泵速信号次之，流量信号最慢。一些保守的分析，特别是按照法国的实践，分析中对于第一个到达的停堆信号总是不予考虑，即不考虑电信号的响应。在美国的分析中，全部失流如采用低流量停堆信号，则不能满足验收准则（会发生 DNB），而采用电源低电压信号是可以接受的。

按上述停堆信号，并考虑单一故障的发生，对于2个主泵失电的部分失流工况，应取低流量于一个环路（或2个环路）的信号；对于全部失流，可取低-低泵速于2个环路的信号；对于卡轴以及断轴，均取低流量信号。由此可知，全部失流因控制棒下落较早，其后果不一定比部分失流的后果严重。

五、分析方法及泵模型

分析失流事故需要采用以下三种程序做分析计算：

（1）用系统分析程序计算堆芯流量变化。

（2）用堆芯程序计算堆芯最小 DNBR，对Ⅳ类工况需给出 DNBR 小于限值的元件棒数。

（3）用燃料元件分析程序计算燃料元件的包壳及芯块温度（当最小 DNBR 大于限值时，可以不做此计算）。

泵一般用来将一种流体从一处输送到另一处，并提供所需要的流量和压力，为了实现这一目的，泵必须产生一定的功，包括抽水功和输送功。我们把泵的出口和抽水口处的压力差称为总的压力计水头，即泵的实际运行期间测得的压头（或者用扬程表示），其反映了泵的实际做功。举例如下：假设入口压力为 0.1MPa，出口压力为 0.8MPa，流量为 5000kg/s，流体密度为 1000kg/m³，泵的总效率为 85%，假设出入口高度相同，流速也相同，则此时泵的功率为

$$P = \frac{Q(p_2 - p_1)}{\eta\rho} = \frac{5000 \times (8 \times 10^5 - 1 \times 10^5)}{0.85 \times 1000} = 4.1(\text{MW}) \tag{7-1}$$

式中　P——泵的功率，MW；

　　　Q——流量，kg/s；

　　　p_1、p_2——入口压力、出口压力，MPa；

　　　ρ——流体密度，kg/m³；

　　　η——效率。

泵的扬程—流量特性以及工作点如图 7-1 所示。根据该特性，我们可以使用两种方法来调节泵的流量：第一种是通过改变管路的真实特性（例如在泵的出口安装一个调节阀），第二种方法是通过改变泵的转速（例如调速器）。其中第一种方法成本低，但是当阀门开度变小时回路的压头损失增加，提供给泵的功率大于实际需要的功率；第二种方法成本较高，但

压头损失不变化，提供的功率接近实际需要的功率。这两种方法可互相补充，核电厂的一些重要系统均使用这两种方法，如蒸汽发生器的给水泵。

事故过程中，一回路系统内的主循环泵会处在多种多样的复杂工况，如正泵、负泵、正水轮机、负水轮机，以及多种既消耗了轴功率又减少了流体能量的耗能状态。

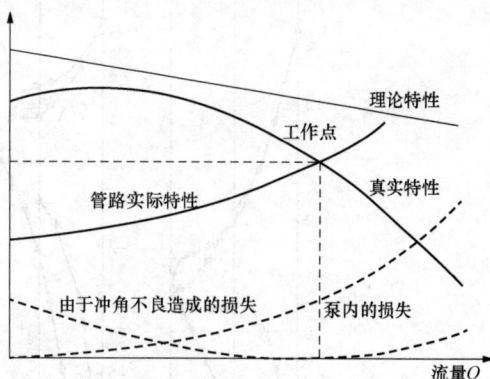

图 7-1　泵的扬程—流量特性以及工作点

六、主要假设

作 DNB 分析时，各项假设如下：

（1）初始堆功率取 102％ 额定功率。

（2）初始冷却剂温度取 +2.2℃ 不确定性。

（3）初始一回路压力取 −0.21MPa 不确定性。

（4）初始时主给水向蒸汽发生器供水，直至触发停堆信号，由停堆信号给出汽轮机停车信号，主给水停止，蒸汽流量停止，没有盘路主冷凝器的蒸汽流量，60s 后辅助给水投入。

（5）慢化剂温度系数取最小的绝对值，即取反应堆寿命初期（beginning of lifetime, BOL）的数值，考虑 10％ 不确定性，一般可保守地取为零，以减小负反应性反馈对减小堆功率的影响。

（6）燃料 Doppler 反应性系数，也取 BOL 值，但保守的处理需分两段考虑 15％ 的不确定性。当燃料平均温度高于初始值时，取小的负反应性反馈以减弱抑制堆功率的作用；当燃料平均温度低于初始值时（此时控制棒引入的负反应性已起作用），取大的正反应性反馈，以阻缓堆功率的降低。

（7）最大价值的控制棒组卡在全抽出的位置。

（8）取保守的控制棒反应性引入曲线。取考虑了地震发生的保守的落棒速度，在落棒行程末端才显著起作用。

（9）取趋顶型轴向功率分布。

七、秦山核电厂失流事故分析

此处主要针对秦山核电厂反应堆冷却剂回路失流事故进行分析。

秦山核电厂失流事故分析的主要参数见表 7-2，秦山核电厂泵的类比曲线如图 7-2 所示。

表 7-2　　　　　　　　　　　　秦山核电厂失流事故分析的主要参数

参数	100％额定功率	103％额定功率	
反应堆核功率/MW	1035	1066	
冷却剂入口温度/℃	289.2	290.2	
冷却剂平均温度/℃	302.0	304.2	（+2.2）
稳压器压力/MPa	15.30	15.09	（−0.21）
单台泵冷却剂流量/(kg/s)	3490	3333（95.5％）	
蒸汽发生器压力/MPa	5.737	6.185	
单台蒸汽发生器给水流量/(kg/s)	282.1	289.07	

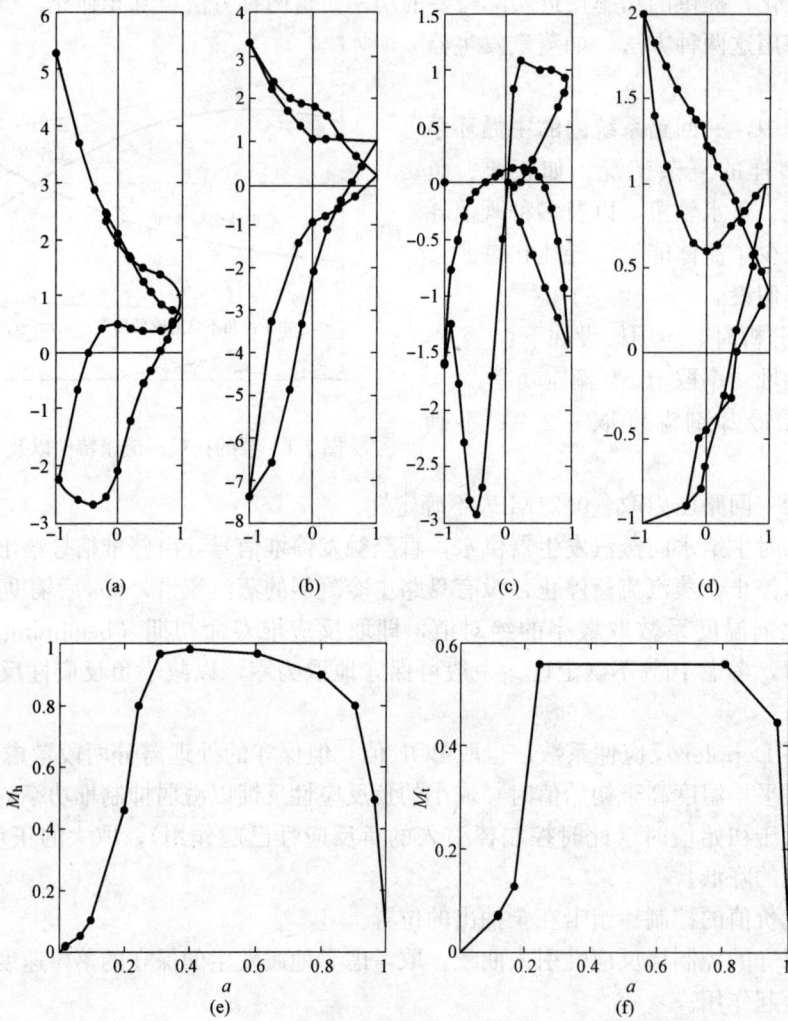

图 7-2 秦山核电厂泵的类比曲线

(a) 压头；(b) 水力扭矩；(c) 两相压头差；

(d) 两相水力转矩差；(e) 两相压头乘子；(f) 两相水力转矩乘子

秦山核电厂的失流事故主要包括四类设计基准事故：一个主泵失电、两个主泵同时失电、主泵卡轴及主泵断轴。

（1）一个主泵失电。一个主泵失电事件序列，见表 7-3。

表 7-3 一个主泵失电序列

1 个主泵断电	0.0s
低流量停堆信号	2.3s
控制棒开始下落	3.4s

在失流事故分析中，如果一回路压力较高，应考虑稳压器喷淋和稳压器释放阀的减压作

用，此时计及一回路压力控制会形成更严重的 DNB 条件。

（2）主泵卡轴及主泵断轴　在主泵卡轴事故中，冷却剂管道内形成很大的流动阻力，流量下降迅速；在主泵断轴事故发生几秒以后，受损环路内形成反向流量，从而减小堆芯流量。一般来说，这两种事故相比较，卡轴事故较为严重，但在停堆较晚的情况下，断轴事故也有可能会变得更严重。近年来，各国在考虑控制棒下落时间上，加上了地震造成的影响，落棒速度较为缓慢。两种事故的后果较为接近，需要通过定量的分析才能确定哪一个事故更为严重。

在主泵卡轴及主泵断轴这样的一些非对称性的事故的抗御能力上，二环路的核电厂比多环路的核电厂薄弱得多。

我国的秦山核电厂，对于全部失流事故，有很大的 DNB 裕量，但对于主泵卡轴及主泵断轴事故，发生 DNB 的元件就比较多。这一点在核电厂设计中必须予以注意。

第三节　二回路导出热量减少事件

一、概述

1. 二回路导出热量减少事件的特征

二回路导出热量减少事件又称为失去热阱事件。这类事件是由削弱一次系统向二次系统传热的二次系统故障引起的，这些故障可归纳为失去蒸汽负荷与失去蒸汽发生器二次侧水装量两个方面。二次系统故障可导致由堆芯产生的热量多于由蒸汽发生器导出的热量，其效应是一次系统温度升高，冷却剂受热膨胀，涌入稳压器，反应堆冷却剂系统的压力随之而升高。

对应于这种状况，有

$$T_{\mathrm{h}} - T_{\mathrm{c}} > T_{\mathrm{in}} - T_{\mathrm{out}} \tag{7-2}$$

式中　T_{h}——冷却剂热段温度；

$\quad\quad T_{\mathrm{c}}$——冷却剂冷段温度；

$\quad\quad T_{\mathrm{in}}$——一次侧进口温度；

$\quad\quad T_{\mathrm{out}}$——一次侧出口温度。

可写出一回路系统的升温速率，即

$$M c_{\mathrm{p}} \frac{\Delta T_{\mathrm{avg}}}{\Delta \tau} = G c_{\mathrm{p}}(T_{\mathrm{h}} - T_{\mathrm{c}}) - G c_{\mathrm{p}}(T_{\mathrm{in}} - T_{\mathrm{out}}) \tag{7-3}$$

式中　M——一回路冷却剂的总装量；

$\quad\quad c_{\mathrm{p}}$——冷却剂的比热容；

$\quad\quad G$——冷却剂的质量流量。

当系统的某一参数达到停堆保护系统的整定值时，控制棒停堆系统得到触发，使堆功率降至衰变热水平，并借助辅助给水的投入和蒸汽发生器的安全阀（或释放阀及旁路阀排放）建立起排热机制，使一次系统得到冷却，余热可以排出，事故得到缓解。

2. 涉及的预期运行瞬变及假想事故

属于这一类的设计基准事件有：

（1）蒸汽压力调节器故障使蒸汽流量减少（Ⅱ类工况）。

（2）失去外部电负荷（Ⅱ类工况）。

（3）汽轮机事故停车（Ⅱ类工况）。

（4）冷凝器真空丧失（Ⅱ类工况）。

（5）失去非应急交流电源（Ⅱ类工况）。

（6）失去主给水（Ⅱ类工况）。

（7）主给水管道破裂（Ⅳ类工况）。

3. 验收准则

（1）对于Ⅱ类工况，验收准则如下：

1）最小 DNBR 大于 95 限值。

2）一回路压力保持在设计值的 110％以下。

（2）对于主给水管道破裂事故，验收准则如下：

1）堆芯保持在可冷却的几何形状。

2）一回路压力保持在设计值的 120％以下。

这两类事件的放射性后果一般都不大，可不做分析。作为在设计上的进一步要求，希望系统设计能保证在事故得到缓解之前，稳压器安全阀开闭的次数较少，并在事故过程中避免稳压器满溢。如果稳压器满溢，将损坏设计上仅考虑释放蒸汽的安全阀，造成一次系统的压力边界破坏。

4. 涉及的设备与系统

失去热阱类事件主要考察的是一次系统的超压变化。由于一、二次系统本身的热容量对于抗超压瞬变至关重要，因此在核电厂设计中设置了多种设备和系统，来保护一回路系统免于超压破坏。

（1）保守分析中考虑的设备与系统有：

1）停堆保护信号。包括高稳压器压力、高稳压器水位、低－低蒸汽发生器水位。

2）辅助给水系统。

3）蒸汽发生器安全阀及稳压器安全阀。蒸汽发生器安全阀可作为向大气散热的热阱，稳压器安全阀用来保证一回路压力不超过限值。在一般核电厂的设计中，均要求蒸汽发生器安全阀的容量能排出约等于 105％额定功率的蒸汽流量，并使该工况下压力不超过设计值的 110％。当核电厂运行 105％额定功率时，突然失去全部负荷，稳压器安全阀也能在蒸汽发生器安全阀的配合作用下，保证 RCS 压力不超过设计值的 110％。

（2）保守分析中不考虑的有关设备和系统有：

1）蒸汽发生器低水位＋给水蒸汽失配。这属于蒸汽发生器低水位的早期停堆，在偏于保守的分析中一般不用，保守地取低－低蒸汽发生器水位来代替。

2）当堆功率大于 10％额定功率，汽轮机停车会直接触发停堆，由于这一停堆措施并不是安全级的，在保守分析中不用。汽轮机停车直接触发停堆为功率条件，随核电厂设计而不同，有 10％、30％、50％，但都是非安全级的。

3）不考虑向冷凝器的旁路排放，不考虑蒸汽发生器安全阀的作用。

4）不考虑稳压器释放阀及喷淋的功能。

这里需要说明的是，有些功能只是在讨论一回路升压过程中不考虑，如在讨论 DNB 条件时，其起了恶化的作用，还是要计及的。

二、主给水管道破裂事故

1. 定义与过程描述

主给水管道破裂事故（main feedwater line break accident，MFLB）是指给水管道上发生破口使其不能有足够给水进入蒸汽发生器以保持二次侧的装量。一般考虑破口位置在蒸汽发生器与给水管道的止回阀之间，这样蒸汽发生器内的二次水也会通过破口排出。如果破口在止回阀上游，则对核电厂系统的影响与失去主给水相同。

按照核电厂运行工况的不同，MFLB 可能是一个反应堆冷却剂系统的冷却过程，也可能是一个加热过程。冷却过程将在主蒸汽管道破裂事故（main steam line break accident，MSLB）中讨论，这里主要讨论加热过程。

如果核电厂在零功率或低功率下运行发生 MFLB，则冷却过程会显著一些，破口尺寸对过程也有影响，一般取最大破口面积（给水分配管的所有支管的面积之和），因为此时加热过程最严重。

主给水管道破裂，带走一回路热量降低的原因在于：

（1）主给水立即停止，不能进入任何蒸汽发生器。

（2）辅助给水流量因破口损失而减少。

（3）原来储存在蒸汽发生器中的二次水在低焓值下（液态）排出，在带走一回路热量上贡献不大。

因此，MFLB 会使 RCS 压力温度迅速上升，在反应堆紧急停堆后，衰变热将继续加热 RCS。一般情况下安全阀可以限制一回路系统压力升高，但有可能会产生一回路容积沸腾使大量一回路液体从安全阀排出。

MFLB 为 Ⅳ 类工况，应按 Ⅳ 类工况的验收准则来衡量系统反响的可接受性。在三项验收准则中一回路系统高压是分析考察的重点。

2. 涉及的安全措施与安全设施

（1）停堆保护系统。

（2）辅助给水系统。

（3）操纵员动作：隔离破损环路，中止辅助给水从破口中流出，假设此动作在停堆信号后 30min 完成。

3. 分析采用的主要假设

（1）POWER：102%。

（2）一回路温度：取正偏差。

（3）一回路压力：取正偏差。

（4）稳压器水位：取正偏差。

（5）蒸汽发生器水位：取正偏差。

（6）主给水在破口发生后全部停止。

（7）工况 Ⅰ 在停堆同时失去厂外电，工况 Ⅱ 不失厂外电。

（8）破口面积为全部流量分配管总面积，用临界流计算，喷放系数为 1.0。

（9）不考虑金属构件的热容量。

（10）辅助给水系统因汽轮泵无汽源不动作，考虑单一故障仅剩一个电动辅助给水泵，扣去漏失量并延迟 60s 向完好蒸汽发生器供水。

（11）假设完好环路低－低蒸汽发生器水位停堆，控制棒 2.0s 后开始下落，停堆信号同时停止向汽轮机供汽（关截断阀）。

（12）不考虑 ECCS 动作。

第四节 冷却剂丧失事故

一、概述

冷却剂丧失事故（loss of coolant accident，LOCA）是指一回路压力边界产生破口或破裂，或是发生阀门误开启，造成一回路冷却剂装量减少的事故，简称失水事故。

在设计基准事故中，失水事故可分为大破口失水事故（large break LOCA，LBLOCA）、小破口失水事故（small break LOCA，SBLOCA）、蒸汽发生器传热管破裂事故（steam generator tube rupture accident，SGTR）及汽腔小破口。

1. 失水事故造成的危害

（1）事故开始时，在破口处的冷却剂突然失压，会在一回路系统内形成一个很强的冲击波，这种冲击波以声速在系统内传播，可能会使堆芯结构遭到破坏。此外，冷却剂猛烈喷放的反作用会造成管道甩动，破坏安全壳内设施。

（2）堆芯冷却能力大为下降，使燃料元件受到损坏。

（3）高温高压的冷却剂喷入安全壳，使安全壳内气体的压力、温度升高，危及安全壳的完整性。

（4）燃料元件的锆包壳在高温时会与水蒸气发生剧烈的化学反应。所产生氢积存在安全壳内，在一定条件下，有可能爆炸。

（5）反应堆冷却剂中的放射性物质进入安全壳后，通过安全壳泄漏，会污染环境。

为了全面评价失水事故的危害，应从多方面作出分析。

2. LOCA 的验收准则

LOCA 的验收准则也是 ECCS 验收准则，因为 ECCS 设计的性能是用核电厂发生假想的 LOCA 后能否达到安全来评价的。这些准则规定来自美国的 10CFR50 法规，被许多国家广泛采用。具体验收准则如下：

（1）燃料元件包壳的温度不得超过 1204℃（2200°F）。

（2）包壳与水蒸气作用所氧化的包壳壁厚不得超过原壁厚 17％。

（3）同水或水蒸气发生反应的燃料元件包壳质量不超过堆内包壳材料总质量的 1％。

（4）堆芯几何形状的变化应该限制在堆芯的可冷却的限度之内。

（5）能对堆芯进行长时间的冷却，以去除衰变热。

以上五条验收准则中，第一条为主要指标，用它可限制堆芯受破坏的程度。大量实验表明，当温度超过 1204℃时，锆合金包壳的性能会急剧恶化，从而引起包壳脆化和大块破损。另外几条准则与第一条也有联系，如果包壳温度不高，锆水反应也不会太剧烈，也就不会产生大量氢气。

3. LOCA 分析的历史情况

1966 年之前，采用 10in 破口为设计基准事故。1966 年起，采用主管道双端断裂作为设计基准事故，并由于这一改变，ECCS 的设计中加入了安全注射箱。1971 年开始实施并于

1975 年写入文件的 10CFR50 的 ECCS 验收准则,成为有法律效力的要求,与它相适应的 LOCA 分析方法则写入 10CFR50 的附录 K。为适应这些要求,美国西屋公司把原来 15×15 组件修改成 17×17 组件,以通过降低单位长度的功率而降低事故过程中的包壳峰值温度 (peak cladding temperature,PCT)。

1979 年三哩岛事故后,SBLOCA、SGTR 及汽腔小破口事故的分析受到了重视,并研制了适合 SBLOCA 分析的计算机程序 RELAP5。

多年研究成果证明,在 LBLOCA 过程中,PCT 远低 1204℃,过去的分析方法保守性较大。1988 年,美国核管理委员会(USNRC)提出一种新的 LBLOCA 分析方法,即以现实分析加不确定性代替 10CFR50 中附录 K 规定的方法,该方法有助于发挥核电厂的潜力,具有巨大的经济效果。

二、大破口失水事故(保守分析)

1. 保守分析中所定义的 LBLOCA

保守分析中定义的 LBLOCA 为冷管段双端断裂并完全错开,失去厂外电源工况。其基本假设如下:

(1) 102%额定功率。

(2) 取最大的功率不均匀因子。

(3) 轴向功率取截断余弦分布。

(4) 燃耗取最大气隙,最大能量储存。

(5) 由温度及空泡负反应性停堆。

(6) 衰变热取 1971 年美国国际标准(American national standard,ANS)的 1.2 倍。

(7) 锆水反应取 Baker-Just 关系式。

(8) 考虑金属构件的能量储存。

(9) 取 Moody 喷放关系式,喷放系数取 0.6~1.0。

(10) 对冷管段破口,全部 ECCS 在喷放阶段流出破口,破损环路全过程流出。

(11) 在临界热流量(critical heat flux,CHF)之后,整个 Blowdown 阶段不再认为是泡核沸腾。

(12) 极限单一故障的选择必须加以论证。

(13) 安全壳压力取保守的低值,以加强喷放。

(14) 在再淹没阶段,做主泵卡轴假设。

(15) 上封头温度假设。

需考虑燃料鼓胀造成的流道阻塞效应。

2. 典型的事故过程

极限工况:喷放系数 0.6,最大安全注射流量。

(1) 事件序列。LBLOCA 事件序列见表 7-4。

表 7-4 LBLOCA 事件序列

事件	时间/s	事件	时间/s
破口开始,失厂外电	0.0	喷放结束	31.5
反应堆停堆	0.5	再灌水结束	44.8

事件	时间/s	事件	时间/s
安全注射信号	3.0	安全注射箱排空	58.2
安全注射箱开始注水	15.1	堆芯顶部淹没	~500
安全注射泵开始注水	28.0		

(2) 过程描述。一旦发生大破口失水事故，反应堆冷却剂系统的降压会引起稳压器内压力减小。当压力降至稳压器低压停堆设定值时，触发反应堆停堆信号；当达到安注设定值时，触发安全注射信号。

发生大破口失水事故时，反应堆功率、主蒸汽压力、燃料包壳温度、堆芯水位都会发生明显变化。典型的 LBLOCA 分为喷放、再灌水、再淹没及长期冷却 4 个阶段。图 7-3～图 7-6 分别为反应堆功率、主蒸汽压力、燃料包壳温度、堆芯水位 4 个参数对应上述 4 个阶段的变化过程。

1）反应堆功率变化。由于大破口失水事故系统压力降低极快，约在 0.1s 内即可降至冷却剂的饱和压力，从而生成大量蒸汽。空泡效应引入的负反应性，使反应堆自行停闭，停堆后剩余中子功率迅速减小，此后主要释放衰变热。衰变热功率不大，但持续时间极长。堆功率变化如图 7-3 所示。

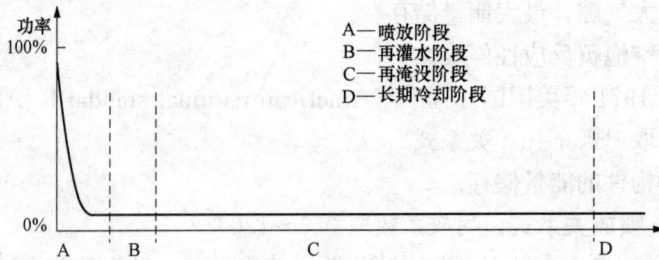

图 7-3 堆功率变化

2）主蒸汽压力变化。在最初极短的一段时间内为欠热喷放，压力迅速下降，进入饱和喷放阶段后，压力下降减缓再灌水。再淹没阶段，注入低温安全注射水，使堆芯的水蒸气凝结，此后水位虽然在上升，但系统压力仍缓慢下降。压力变化如图 7-4 所示。

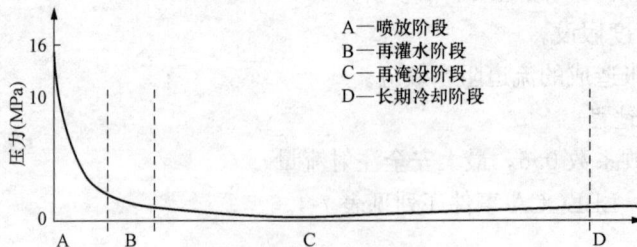

图 7-4 压力变化

3）燃料包壳温度。停堆时，燃料元件棒内储存了大量热量，在堆芯流量由正常运行工况下的正向流动变为喷放反向流动的过程中，堆芯出现流动滞止现象，传热恶化，包壳表面形成膜态沸腾，使包壳温度迅速上升，这种现象称为储能再分配现象。包壳温度变化如图 7-5 所示。

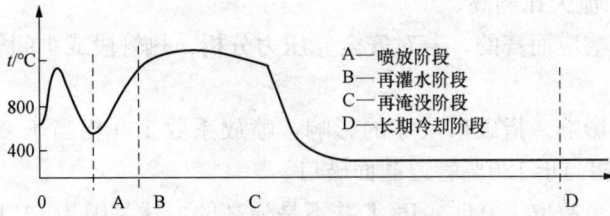

图 7-5　包壳温度变化

当堆芯形成反向流动，又建立起一定的传热能力，包壳温度下降，形成喷放阶段的包壳温度峰值。在再灌水阶段，堆芯内既无液体冷却剂，又无蒸汽流动，元件棒处在裸露状态，此时是主要的升温阶段。

再淹没阶段开始，堆芯内蒸汽流动增加，且蒸汽内夹带有小液滴，使燃料元件的冷却好转。一进入再淹没阶段，热点包壳温度变化的梯度就发生改变。随着蒸汽产生量的增加，包壳升温越来越缓慢，继而开始下降。在 LBLOCA 过程中，包壳温度达到最高点并开始下降，在骤冷前沿到达之前，由蒸汽流动冷却形成。

在骤冷前沿到达之处，包壳温度迅速下降，此后元件处于自然对流冷却环境中，维持一个不太高的温度。

由于衰变热维持的时间很长，长期冷却阶段将需维持很长一段时间，ECCS 要一直保持工作，在换料水箱的水用尽后，改用再循环方式冷却。

4）堆芯水位。在整个喷放阶段，堆芯水位持续迅速下降。当上升蒸汽流量接近零时，可认为结束喷放阶段，安全注射箱水及低压安全注射泵注入水流至下腔室。需要注意的是，堆芯水位在喷放阶段结束时，未扣除在喷放阶段中进入系统的安全注射水量，按保守的 LBLOCA 分析是需要扣除的，应见到水位的突然下落。

在水位上升至堆芯底部，开始再淹没阶段，堆芯全部淹没后进入长期冷却阶段。堆芯水位变化如图 7-6 所示。

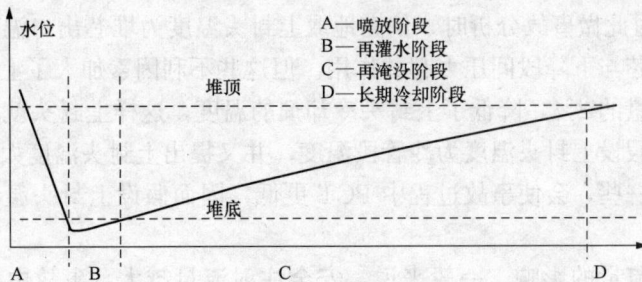

图 7-6　堆芯水位变化

3. 有关 LBLOCA 的问题讨论

（1）破口位置的影响。分析表明，冷管段破口会造成最高的 PCT，其原因如下：

1）破口流量与原堆芯流量方向相反，引起喷放早期冷却恶化。

2）上腔室压力高，使堆芯水位降低。

3）破口流出的是低焓冷却剂，流量大而带出的热量少。

4）ECCS冷却剂流失比例高。

以上分析对堆芯响应而言的，若对安全壳压力分析，热管段或中间管段破口后果可能更严重。

（2）喷放系数的影响。指破口尺寸的影响，喷放系数1.0相当于200％管道截面破口，如喷放系数取0.6，相当于120％管道截面破口。

分析表明，喷放系数取1.0时，PCT并不是最高的，这是因为PCT与喷放结束时燃料元件储存的能量有很大关系。破口大（即喷放系数大），过程中堆芯冷却剂从正向流动变为反向流动的时间短，恶化冷却不严重；破口略小，流动滞止现象显著，影响喷放早期元件的冷却。喷放结束时元件储存能量多，如果破口再小一些，则又推迟元件裸露的时间，燃料元件储存又减少了。

对于100万kW的核电厂，喷放系数取0.6时可得最高PCT；对于较小的反应堆，造成最高PCT的喷放系数可能会小一些。

（3）燃耗的影响。燃耗的影响主要在于燃耗影响芯块与包壳间气隙的大小，从而影响稳态运行时燃料元件的储能。燃料芯块受到辐照，先期收缩，后期膨胀，中间有一段时间气隙最大，此时燃耗大约为7000～8000MWd/MTU（兆瓦天/兆吨铀）。这一因素可影响PCT约20℃。

（4）主泵运行方式的影响。LBLOCA过程中，如主泵保持运行，会发生喷放早期堆芯再灌水现象，对缓解事故极为有利。

（5）上封头冷却剂初始温度的影响。上封头储存了10t冷却剂，在事故过程中，这些冷却剂会因温度不同而起不同的作用。

上封头内的冷却剂极少流动，它受γ射线等热源加热，为使其温度不至太高，在吊兰上打孔，以提供上封头旁路流量。这些水通过控制棒导管等一些缝隙流入上腔室。LBLOCA过程中，稳压器会首先排空，这时整个一回路中上封头水温可能最高，于是这些水开始蒸发。上封头起了稳压器的作用，系统的压力降不下来，使安全注射信号推迟。在上腔室压力的压迫下，堆芯水位将降低。上封头水温越高，事故越严重。过去将上封头旁路流量设计为总流量的0.5％，对此做事故分析时，偏高地取上封头温度为堆芯出口温度，同时不考虑吊兰上小孔对平衡堆芯与下降段间压力起的作用。但这些不利因素加大了上封头的旁路孔，使这一流量达到总流量的2％，降低了上封头冷却剂的温度，这样上封头就相当于一个安全注射箱。对此相应地假设上封头温度为冷管段温度，并又提出上封头温度太冷也是不利的。如果上封头温度稍高一些，会使事故过程中PCT更低，因而假设上封头温度为冷管段温度是属于保守的。

（6）安全注射流量的影响。一般来说，安全注射流量越大，事故中PCT越低。因此，在LOCA分析中，对于堆芯计算，总是假设一路安全注射失效及安全壳喷淋泵全都投入（使安全壳背压减小，喷放流量增大）。但在有些参数综合条件下，最大流量安全注射会起不利的作用。因为这样会使喷放流体的焓值减小，从而降低安全壳背压，而且较冷的水在堆芯产生的蒸汽量少，减弱了对上部元件的冷却。

（7）安全注射箱初始压力的影响。安全注射箱初始压力的设置，应与事故进程的时程相适合。安全注射箱大部分储水应在喷放阶段结束后注入系统。如果安全注射箱初始压力过高，则在喷放阶段就可使安全注射箱几乎排空，对缓解事故不起作用。

三、小破口失水事故

SBLOCA 的主要假设条件为破口发生在冷管段，主泵不运行，单一故障考虑一路安全注射失效，蒸汽发生器仅利用安全阀排出热量（不考虑释放阀及旁路排放）。

对比大破口失水事故，小破口失水事故有两个特点：

（1）系统冷却剂丧失速率较小，卸压速度较慢，由此而使得系统内汽相与液相分离，使水力学与传热学上具有相分离的特性。

（2）卸压过程在很大程度上受到蒸汽发生器导热效果的影响。

小破口失水事故的验收准则与大破口失水事故相同，且仍以峰值包壳温度作为衡量事故严重性的重要指标。

在事故的缓解设施上，小破口失水事故的缓解借助于稳压器低压信号触发停堆，并由 ECCS（其中最重要的是高压安全注射）补充冷却剂，由 ÀFS 及蒸汽发生器安全阀提供热阱。

1. 从质能平衡分析 SBLOCA 的降压过程

为理解 SBLOCA 过程中 RCS 压力变化的特点，必须了解 RCS 的质量平衡与能量平衡关系。

质量平衡可表示为冷却剂 RCS 质量的变化量等于安全注射流量与破口流量之差。系统压力越高，破口流量越大，安全注射流量越小。为使一回路冷却剂装量停止减少，必须使一回路系统减压。但在事故过程开始不久，系统压力降至与系统内最高温度相应的饱和压力。且此后，系统内压力与温度联系在一起，如要降压就必须降温，压力下降就受到排热能力的影响。

冷却剂焓值 h 的变化可表示为

$$h = \frac{1}{q_m}\left[\dot{Q}_{\text{Decay}} - \dot{Q}_{\text{ps}} - G_{\text{si}}(h - h_{\text{si}}) - \dot{Q}_{\text{e}}\right] \tag{7-4}$$

式中　Q_{Decay}——堆芯释放的衰变热；

$\quad\quad Q_{\text{ps}}$——通过蒸汽发生器一次侧向二次侧的传热；

$\quad\quad h_{\text{si}}$——安全注射水的焓值；

$\quad\quad G_{\text{si}}$——安全注射水流量；

$\quad\quad Q_{\text{e}}$——生成蒸汽所需要的热量。

由 RCS 的质量平衡与能量平衡关系可以得出：

（1）当剩余热量 $\left[\dot{Q}_{\text{Decay}} - \dot{Q}_{\text{ps}} - G_{\text{si}}(h - h_{\text{si}})\right]$ 所产生的蒸汽不能补偿因液体减少而排空的容积时，压力随之下降。

（2）由于分析中假设蒸汽发生器安全阀为唯一可用的热阱，蒸汽发生器二次侧的温度即相应于安全阀设定的开启压力的饱和温度。仅当一次侧温度高于此温度时，才能有一次侧向二次侧的传热。因此，系统的压力下降必须借助蒸汽发生器的传热，否则一回路的压力必不能降至安全阀设定的开启压力之下。当一回路压力降至比此值略高时，会形成一个压力稳定阶段（压力平台）。这成为小破口失水事故区别于大破口失水事故的一个显著特征。

（3）在小破口失水事故初期，蒸汽发生器的传热为惯性流量强迫循环传热，继而为自然循环传热。当水位下降使热管段管口裸露后，蒸汽进入传热管，使自然循环中断。此时蒸汽发生器的传热以回流冷凝的方式进行，即上腔室的蒸汽进入传热管，在传热管壁冷凝成水，在重力作用下返回上腔室。在自然循环中断后，蒸汽发生器传热能力下降，往往会出现轻微的一回路压力回升现象。

压力壳水位降至热管段管口之下，自然循环中断后，一回路压力的下降如仅依赖于衰变热的降低，则过程需延续非常长的时间，这将造成燃料元件裸露及高温损毁。但在多数情况下，当堆芯水位降低后，压力壳上腔室与冷管段之间的压差将扫清主泵入口段处弯头内的存水（称此现象为水封清除），使压力壳上腔室内蒸汽可从破口排出。在水封清除之后，一回路压力就不再停留于压力平台而开始较快地下降，如水封清除发生于堆芯冷却剂处于相当高的压力和温度下（一回路温度显著高于二次侧温度），则第一次水封清除之后，又可能因凝结水封堵于弯头，而发生第二次水封。一般来说，一旦水封清除后，一回路温度低于二回路温度，蒸汽发生器传热管内不再有凝结现象，上腔室内蒸汽会持续从破口喷出，堆芯压力不断下降，或者是触发安全注射箱动作，进一步冷却堆芯并恢复压力壳水位。

应该指出的是，上述的一系列现象均是在蒸汽发生器安全阀为唯一热阱的条件下发生的。实际上，在小破口失水事故过程中，辅助给水的提供是充分的，蒸汽发生器的释放阀及旁路排放阀是可用的，借此可以控制蒸汽发生器二次侧的压力，使一回路压力随之下降，破口流量下降，安全注射流量上升，最后终止冷却剂装量的减少。

2. 典型的 SBLOCA 过程现象

现在参看一个 1000MW 的 4 环路核电厂，直径 4in 冷管段破口的事故过程。此过程典型地显示了 SBLOCA 的过程特点。SBLOCA 压力曲线如图 7-7 所示。

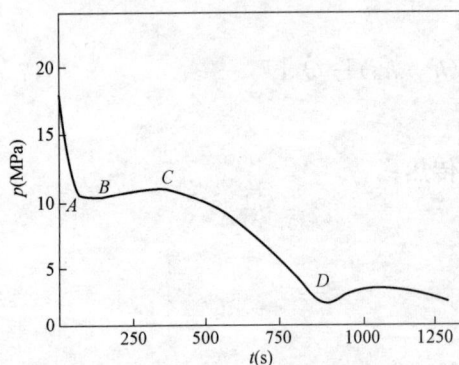

图 7-7　SBLOCA 压力曲线

（1）A 点（压力曲线）以前为欠热喷放，A 点压力为热管温度的饱和压力（12.7MPa）时，开始闪蒸，在此压力下触发停堆。

（2）A～B（压力曲线）为饱和喷放。

（3）B 点压力略高于蒸汽发生器安全阀设定值。

（4）B～C 蒸汽发生器传热下降，出现压力平台。在热管段入口裸露后，可见压力上升现象，堆芯水位下降，元件裸露，热点包壳温度升高。

（5）C 点水封清除，一回路压力骤然下降，堆芯水位上升，燃料元件淹没，包壳温度下降。

（6）C～D 因破口流量仍大于安全注射流量，堆芯水位再次下降，燃料元件裸露，包壳温度上升。

（7）D 点，压力达到安全注射箱注水压力，安全注射箱水注入一回路压力因堆芯蒸汽冷凝而下降，燃料再次淹没，包壳温度下降。

（8）D 点以后，堆芯淹没处于长期冷却阶段。

四、蒸汽发生器传热管破裂事故

1. 概述

压水堆核电厂蒸汽发生器传热管破裂事故（SGTR）是指由蒸汽发生器（SG）传热管破裂造成的、冷却剂丧失速率超过冷却剂补给系统正常补水能力的、冷却剂装量减少事故。一台 SG 的单根传热管破裂事故属于设计基准事故，属Ⅳ类工况。多根传热管破裂或单根破裂伴随其他安全设施失效属于超设计基准事故。

SGTR 的主要特征如下：①一次系统冷却剂通过破口进入破损 SG 二次侧，稳压器压力和水位下降，上充泵流量增加；②破损 SG 二次侧压力和水位增加，蒸汽流量和给水流量失配；③破损 SG 排污和冷凝器排汽的放射性增加。

SGTR 过程中，一回路放射性物质可通过 SG 的释放阀和安全阀直接排放至环境，这意味着核电厂同时失去两道安全屏障（冷却剂压力边界和安全壳）的完整性，是一种放射性释放较为严重的事故。

SGTR 不仅后果严重，而且是要求操纵员立刻干预的事故。若操纵员处理不及时或不当，极易造成破损 SG 满溢，美国 Ginna 电厂 1982 年发生 SGTR 时即出现 SG 满溢现象。一旦出现 SG 满溢，则可能导致事故升级。满溢会造成以下后果：①使排放到环境的放射性大大增加；②使主蒸汽管道充水，从而危及其完整性；③使水从 SG 的释放阀及安全阀排出，易导致这些阀门卡开。

Ginna 电厂的 SGTR 即曾因 SG 满溢而导致某些蒸汽管道支撑超过许用应力，且导致安全阀部分卡开。一旦因破损 SG 满溢而导致 SG 释放阀或安全阀卡开，甚至主蒸汽管道破裂，则会由于冷却剂丧失到安全壳外，可能会因换料水箱存水用尽而安全壳地坑无水，不能实现再循环长期冷却，导致严重事故。

由于满溢的危害比较严重，因而对 SGTR 的干预应兼顾两个方面，既要防止系统水量过多而引起的满溢，也要防止系统水量过少而导致堆芯损坏。这使得 SGTR 干预的应急操作规程较为复杂。

SGTR 也是出现概率最高的极限事故。相关研究结果表明，SGTR 导致严重事故的概率较大，德国 B 阶段风险研究给出的 SGTR 导致的熔堆概率为 10^{-6}/(堆·年)，占各种初因事故的首位。预防和缓解 SGTR 的工作必须予以重视。

2. SGTR 的分析方法及验收准则

根据以上讨论，对于 SGTR，应从 LOCA 危及堆芯、放射性释放及破损 SG 满溢的可能性三方面来考察其潜在的危险性。考察的方面不同，分析中采用的假设也不同。

做满溢分析时，应采取下列主要假设，其着眼点是从增加满溢速度来取不确定性：

（1）单根传热管双端断裂，破损传热管可以从集总传热管中分离出来单独模拟，用 Moody 模型计算喷放量，喷放系数取 1.0。

（2）假定停堆同时失去厂外电源，主泵不运行。用冷凝器实施旁路排放。

（3）对于安全注射系统、辅助给水系统，不设单一故障，全容量投入运行。

（4）以稳压器低压为停堆信号，取低设置值，停堆后主给水延迟终止，辅助给水偏早投入，以稳压器低-低压为安全注射启动信号，取高设置值、小延迟时间。

（5）反应堆初始运行于 102% 额定功率，稳压器压力取正偏差，SG 二次侧压力取负偏差。

（6）考虑 SG 释放阀的作用，设定值取负偏差，在条件满足低压、水位较高时，考虑稳压器加热器的投入。

验收准则：对于新核电厂，要求假设事故发生后 30min 内操纵员不动作，破损 SG 不满溢但可放宽要求，加上操纵员动作，在破损 SG 隔离（一次侧向二次侧，二次侧向环境的排放均终止）前不满溢。要求论证操纵员反应时间的合理性和可行性（模拟器论证），并要求主蒸汽管道的动力学分析，证明可经得起满溢。

做放射性后果分析，其他假设与上述相同，但需取最小主给水量以增大蒸发及向环境排放。放射性后果按保守方法分析，取Ⅳ类工况的限值。

一般来说，不需要做 LOCA 堆芯反响分析，因为这已包络于小破口失水事故。如果要做这种分析，安全注射系统及辅助给水均只投入一路。

3. 典型事故过程（满溢分析）

核电厂情况：900MW，三环路。满溢事件序列见表 7-5。

表 7-5　　　　　　　　　　　　　　　　　满溢事件序列

事件序列	时间/s	事件序列	时间/s
破口发生	0.0	低—低稳压器压力安全注射信号	760.5
低稳压器压力停堆信号	730.5	辅助给水注入	762.0
控制棒开始下落	731.5	主给水终止	767.0
破损 SG 安全阀打开	733.5	安全注射	770.5
完好 SG 安全阀打开	738.0	计算终止	1800.0

假设机组正常运行时，一根传热管破裂，一回路冷却剂带着放射性物质由破口进入二次侧，二次侧压力上升，打开了安全阀及释放阀，此时 RCS 压力随 SG 压力短暂升高，此后 SG 压力维持于释放阀的开启压力，RCS 因停堆而压力骤降，触发 ECCS 动作。安全注射后逐步提高 RCS 压力。应注意的是，没有操纵员干预，一、二回路压力不会自动趋向于平衡。在高压安全注射开始后，上充注入停止，安全注射流量开始较大，随 RCS 压力升高而减小。

破口流量取决于 RCS 压力。事故初始阶段，破口流量较大，随压力降低而减小，停堆后骤减。安全注射开始后，随 RCS 压力升高而增加，至计算终止时安全注射系统仍在运行，其原因是在安全注射流量有一部分用于恢复稳压器水位。如过程按此继续下去，则安全注射流量会与破口流量平衡，RCS 压力也会稳定于某一数值，这就是没有操纵员干预的最后趋向状态。

由满溢分析可知，破损 SG 水位明显高于完好 SG 水位。对于此核电厂来说，30min 时离满溢尚有较大的裕量，操纵员有较多的时间来处理事故。

4. 操纵员的干预动作

为停止一回路至二回路的破口流量，操纵员应进行如下动作：

（1）必须正确诊断事故，并确定是哪一个 SG 发生传热管破裂。在诊断中主要可依据以下情况进行判定：①SG 高水位及蒸汽/给水流量不匹配；②蒸汽管道[16]N 放射性报警；③冷凝器抽气系统放射性报警；④SG 排污系统放射性报警；⑤安全参数显示系统（safety parameter display system，SPDS）报警。

（2）手动关闭破损 SG 的隔离阀，调高破损 SG 释放阀开启设定值。

（3）利用完好 SG，实施 RCS 降温（可不必限制降温速率）。

（4）利用正常稳压器喷淋或辅助喷淋使 RCS 降压。

（5）利用稳压器释放阀使 RCS 降压。在降压过程中保持热管段 11.1℃（20℉）欠热度。

（6）稳压器水位恢复，热管段欠热度得到保持的情况下，停止或减少高压安全注射子系统的注入。

（7）在有厂外电源的情况，可不停主泵，以加速利用完好 SG 使 RCS 降温。

5. 秦山核电厂 SGTR 及其处置措施

秦山核电厂在很多方面的设计参数是保守的，对于大多数设计基准事故，有较大的安全裕度。但有些设计参数上的特点却构成了在抗御 SGTR 方面的不利因素，如 SG 传热管粗、SG 绝对容积小、相对水量大、SG 一二次侧压差大、高压安全注射流量大等。这使其在发生 SGTR 时破损 SG 的满溢成为很突出的问题。

SGTR 分析的主要事故序列有：①SGTR：设计基准 SGTR；②SGTR - M：SGTR 中破损 SG 满溢导致安全阀卡开；③SGTR - L：SGTR 并发辅助给水系统失效；④ SGTR - D：SGTR 并发安全注射系统失效；⑤SGTR - DL：SGTR 并发辅助给水系统和安全注射系统同时失效。

下面介绍 SGTR 和 SGTR - M 进程。

（1）SGTR 早期事故进程。事故一开始，冷却剂从破损 SG 一次侧流入二次测，RCS 降压，稳压器水位降低，破损 SG 二次侧升压，水位上升，装量增加。大约 2.5min 时出现 SGTR 的特征现象——稳压器低水位与破损 SG 高水位相符合。3min 时，RCS 降压触发紧急停堆，同时汽轮机隔离，主给水切除，SG 二次侧快速升压、水位跌落。二次侧升压引起 SG 的主蒸汽释放阀（main steam relief valve，MSRV）和安全阀开启后，压力回落，最终稳定于 MSRV 的开启压力附近。RCS 降压在大约 3.5min 时触发安全注射系统投入，此后 RCS 压力逐渐趋于稳定状态。稳定后的 RCS 压力明显高于 SG 二次侧压力，破口流量也趋于稳定。约 4 min 时，辅助给水系统（AFS）投入，破损 SG 的 AFS 流量和破口流量的共同作用使得破损 SG 水位快速上升，约 30min 时，破损 SG 满溢。

（2）SGTR－M 进程。破损 SG 满溢后，导致安全阀卡开的可能性很大。分析中假定破损 SG 满溢时安全阀卡开。随着安全阀卡开，破损 SG 快速降压，并很快稳定于低压状态。破损 SG 水位因快速降压引起的水量蒸发临时降低，后随破口流量的增大又逐渐回升，很快使整个 SG 充满。破损 SG 到环境的平均释放率也大为增加，水装量逐渐趋于稳定。RCS 压力在安全阀卡开时略有降低，随着 RCS 压力降低，安全注射流量也逐渐增加，破口流量随 SG 一、二次侧压差增大而增加，最后趋于平衡状态。安全注射流量与破口流量逐渐平衡，RCS 装量也逐渐趋于稳定。在事故开始后约 10h，换料水箱（refueling water storage tank，RWST）水量耗尽。RWST 水量耗尽后，RCS 装量损失较快，RCS 压力快速下降，并引起安全注射箱投入并很快排空。约 17h 时，堆芯裸露，18h 时堆芯开始熔化，18.5h 时堆芯塌落，18.6h 时压力壳底部熔穿。

（3）SGTR 的处置。上述分析结果表明，在操纵员不干预的情况下，破口一、二次侧压力不会平衡，破口流量不能终止，破损 SG 满溢不可避免。要防止破损 SG 满溢，操纵员必须尽快采取一系列适当的干预行动来终止破口流量，并进一步使堆进入长期冷却状态。

SGTR 处置分析中假设的干预过程如下：

1）破口后 15min 时，调高破损 SG 释放阀设置值，使其略低于最低安全阀开启设置值，同时关闭破损 SG 的主蒸汽管道隔离阀。

2）16min 时开始 AFS 控制，AFS 流量由 SG 水位控制，水位高时减小流量，水位低时增大流量。

3）17min 时停止安全注射。

4）18min 时全开完好 SG 的蒸汽旁路阀（无厂外电时用 MSRV）进行 RCS 冷却，直至堆芯出口温度比破损 SG 压力所对应的饱和温度低－248℃。

堆芯出口温度达到要求后，全开稳压器主喷淋（无厂外电时用辅助喷淋）实施 RCS 降压，直到满足下列条件之一：①破损 SG 一、二次侧压力平衡且稳压器水位高于低－低水位；②稳压器水位高于高－高水位；③堆芯出口欠热度小于－268℃。

5）满足下列全部条件时，停止安全注射：①堆芯出口欠热度大于－268℃；②完好 SG 水位大于低水位；③稳压器水位大于低水位；④安全壳表压力小于 3kPa。

6）压力平衡 2min 后开始实施反注冷却，利用完好 SG 蒸汽旁路阀进行 RCS 降温降压，主喷淋在堆芯欠热度大于－258℃时开、小于－268℃时关的逻辑下运行。

7）稳压器水位高于正常水位后开始下泄，并维持稳压器水位在正常水位。

计算结果表明，采用上述干预方法，可在 25min 内终止破口流量，阻止破损 SG 满溢；1h 使堆进入余热排出系统（RHRS）工作状态（降温速率为 25K/h）。若其他条件不变，控制反注时的 RCS 降温速率为 55K/h，则需约 1.5h，RCS 进入 RHRS 工作状态。

（4）SGTR－M 的处置。若操纵员干预时已因破损 SG 满溢导致安全阀卡开，则应实施稳压器释放阀（pressurizer safety relief valve，PSRV）降压，尽快使 RCS 压力降到环境压力，并控制安全注射流量，以减少冷却剂损失。此后可用低压安全注射子系统和 RHRS 交替运行的方式实现长期堆芯冷却。

第五节　主蒸汽管道破裂事故

一、定义

主蒸汽管道破裂事故（MSLB）是二次系统排热增加事件中最严重的一种事故，属Ⅳ类工况。主蒸汽管道如发生破裂，大量蒸汽将从破口喷出，蒸汽发生器二次侧压力及温度下降。一回路向二回路传热增加，引起慢化剂温度降低从而造成堆芯反应性增加。若反应堆处在停堆状态下（热态零功率），可造成停堆裕度降低甚至重返临界，以及重返功率。若反应堆在功率运行下，将引起功率水平提高，触动超功率保护，此后冷却堆芯的过程与初始零功率工况相同。但在功率运行下，一回路储能较多，停堆裕度大，二次侧水装量较少，所以情况不如初始零工况严重。

在燃耗末期，慢化剂温度反馈大，燃料 Doppler 系数反馈小。因而慢化剂温度下降时引入的反应性大，与燃耗初期相比，事故较严重。

有、无厂外电涉及主泵运行情况及 ECCS 延迟时间，需分别分析。

MSLB 涉及的范围广，可能造成的危害有：

（1）局部热流密度过大，损坏燃料元件（在控制棒插入时，功率不均匀系数大）。

（2）向环境释放放射性物质。

（3）危及安全壳的完整性。

对应于以上危害的验收准则如下：

（1）保持堆芯的完整性，包壳温度不超过 1204℃。

（2）放射性剂量不超过限值。

（3）安全壳压力不超过设计值。

二、有关设施及讨论

停堆系统应保证有一定的停堆裕度。在功率运行条件下发生 MSLB，一般由超功率保护发出停堆信号。

在零功率条件下，则由稳压器低压发出停堆信号，也可能由 ECCS 动作信号引起停堆。停堆裕度应考虑"卡棒假设"。

为了保证在功率运行条件下有足够的停堆裕度，一般核电厂从零功率开始，在升功率过程中不再降低硼浓度。

在事故过程中应由 ECCS 注入硼溶液，以增加负反应性。硼溶液注入系统有两种设计，即有浓硼注入系统（硼溶液浓度为 $20000\sim22000\mu g/g$）和无浓硼注入系统（从换料水箱得 $2000\sim2400\mu g/g$ 硼溶液）。

事故过程中应考虑 ECCS 延迟时间及清除管道时间。ECCS 只涉及上充泵及高压安全注射系统，一些特殊的核电厂（如秦山核电厂）MSLB 还会触发安全注射箱。

蒸汽发生器限流器的影响：较新型的 SG 都有"制成一体"的限流器。在正常运行中，会有一定阻力，但在 MSLB 时可限制喷放流量。西屋公司设计的 SG 的管道截面积为 0.427m^2，限流器喉部面积为 0.138m^2，其可大大减小喷放流量。

蒸汽管道上应有隔离阀，防止两台蒸汽发生器排放。隔离阀一般在 $6\sim10\text{s}$ 内关闭，关闭后完整环路 SG 停止排放。

一、二回路水装量要有适当比例，一回路水要多，二回路水不能过多，环路少则一回路水要求更多。

三、两种情况下 MSLB 过程

MSLB 可以分成：有浓硼注入系统和无浓硼注入系统两种情况。在分析这两种情况下的 MSLB 过程时，先假定机组的主要参数如下：①额定功率：2775MW（t）；②一回路压力：15.513MPa；③二回路压力：6.922MPa；④冷却剂温度：277.8℃。

1. 有浓硼注入系统

对于有浓硼注入系统，假设主泵运行。出现 MSLB 时，其事件序列和参数变化如下。

（1）事件序列。MSLB 事件序列见表 7-6。

表 7-6   **MSLB 事件序列**

事件	发生时间/s	事件	发生时间/s
破口发生	0.00	HPSI 启动	16.58
SI 信号	3.58	峰值反应性	19.00
MSIV	10.00	硼进入堆芯	46.60
重返临界	14.60	峰值功率	47.40

（2）参数变化。

1）破口流量。蒸汽排放是 MSLB 瞬变的最根本的驱动因素。事故开始时，破口流量为 1324kg/s，开始 10s 排汽量很大（加上 2 个完整环路排放）。50s 时降至 330kg/s，100s 时为 280kg/s，分别为额定功率时总蒸汽流量 1273kg/s 的 25.9％和 22.0％。

2）冷却剂温度。开始时温度下降很快，后期稍平缓，在 150s 内平均温度下降 55.6℃，冷管温度下降 83.3℃，冷却剂温度一直在下降，仅靠硼抑制功率。注意完整环路冷管温度高于热管温度，完整 SG 起热容作用，可使事故稍得缓解，环路少则这种热容作用少。

3）反应性。慢化剂的正反应性很大，Doppler 功率反应性抵消其余的正反应性，硼溶液注入后主宰着反应性的变化。注入的浓溶液开始时浓度较高，之后浓度变低，循环后会出现硼浓度的起伏变化，从而造成功率起伏变化。

4）堆功率。达到临界后功率上升很快，硼到达后立即中止功率上升。硼浓度波动引起功率波动。

5）SG 二次侧装量。在峰值功率时，SG 内水量很多，峰值功率与初始装量几乎无关。

6）稳压器压力和稳压器水位。当整个稳压器排空之后，上封头内出现蒸汽，并取代稳压器功能，此时减压过程显著减慢。为了正确计算一回路压力，正确（或保守地）模拟上封头的热构件是必要的。压力下降变缓与堆功率上升和 ECCS 也有关。

2. 无浓硼注入系统

假设 ECCS 注入 $0.1\mu g/g$ 硼浓度，主泵运行，破口带出热量等于一、二回路传热量，则堆功率反应性在一个峰值之后也趋于 0。

四、影响因素的讨论

（1）破口面积。有浓硼注入系统的峰值功率与积分破口流量有关，无浓硼注入系统的峰值功率与平衡时破口流量有关。其关系均为破口越大，峰值功率越大。如当破口面积为 $0.129m^2$ 时，反应堆峰值功率为额定功率的 22.4％；当破口面积为 $0.427m^2$ 时，反应堆峰值功率为额定功率的 40.0％。

（2）反应性系数。有浓硼注入系统的 Doppler 反应性大。Doppler 反应性大会导致功率小，进而导致温度低。因此，在这种情况下，对 MSLB 的影响反而小一些。

对于无浓硼注入系统，Doppler 反应性小，功率上升，温度也跟着升高，其对 MSLB 的影响较有浓硼注入时偏大。

（3）失去外电源（主泵不运行）。如果主泵不运行，二次系统排热能力降低，重返功率会变小，但堆芯流量也减小了。所以 DNBR 有可能会变得更小，有危险。

对于有浓硼注入的系统，硼浓度起伏更大。初时抑制了功率使堆芯变冷，待浓硼驱出后，有可能重返功率更大。

对于二回路装量大的系统，会因无浓硼注入而重返临界，若计入换料水箱的硼反应性则可使之不重返临界（如秦山核电厂）。

（4）高压注射容量。对于有浓硼注入的系统，假设一路 ECCS 失效更严重；如不计硼反馈，则全部 ECCS 注入更严重；但如计入换料水箱硼反应性，则仍是一路 ECCS 失效更严重。

（5）两个蒸汽发生器排放。若布置上有问题，破管将隔离阀甩掉，再假设单一故障（为一个隔离阀失效）则可引起两个 SG 排放。两个 SG 排放事故将较为严重。

第六节　弹　棒　事　故

一、事故起因及缓解

1. 事故起因

若控制棒驱动机构密封壳套发生破裂，巨大的压差可将控制棒快速弹出堆芯（0.05s）。

2. 事故过程

弹棒事故是反应性事故中最严重的一种，属Ⅳ类工况。插在堆芯内的控制棒的弹出，使堆芯有一快速反应性引入，造成堆内核功率激增，同时也使堆芯形成很大的功率不均匀因子，因而出现一个大的局部功率峰。弹棒事故也会造成小破口失水事故。由于破口小，从失水事故角度来看，后果不严重。

功率的激增受到 Doppler 反应性反馈和慢化剂温度反应性反馈的限制（Doppler 反馈作用更为显著），此后由保护系统动作，控制棒下插，反应堆停堆。在事故开始后 10s 以内，可出现芯块温度、包壳温度及系统压力三个峰值，并从这三个方面影响反应堆的安全性。

局部功率的激增会使燃料元件发生很大的变化。在事故开始的短时间内，功率激增产生的大部分能量储存在二氧化铀燃料芯块内部，然后逐渐释放到系统其他部分。燃料中积聚很大的能量，将使最热的芯块熔化，释放出气体。在燃料棒内部产生高压，使燃料棒瞬时破裂。热量可迅速地从散落在冷却剂中二氧化铀碎粒传输到冷却剂中去，部分冷却剂中过量的能量积聚，热能转变为机械能形成很强的冲击波，可能损坏堆芯和一回路系统，破坏堆芯的冷却性。

热量传送至元件包壳，可造成部分包壳发生 DNB，并继而有可能使包壳达到脆化温度，影响堆芯完整性。

热量传送至冷却剂，可使温度和压力上升，形成一个一回路压力高峰。也是对冷却剂压力边界的冲击。

3. 防免及缓解措施

（1）保证控制棒驱动机构密封壳套设计加工可靠。此壳套是反应堆冷却剂压力边界的一部分，属核安全一级设备。在设计上应留有足够的安全裕量，加工制造经过严格的检验，并经过强度和密封性水压试验，使发生破裂的概率极小。

（2）核设计要求控制棒在堆内合理布置，以改善堆芯功率分布和减小功率的不均匀因子。在功率运行下，调节硼浓度，尽量减少堆芯控制棒的数目和插入深度。在控制保护系统中，设立了限制控制棒插入深度的报警装置。当控制棒插到与运行功率水平相对应的调节带下限时，发出报警信号。反应性控制系统还设有紧急加硼设施，其可使插到低位的控制棒回到正常位置。这些措施使得一旦发生弹棒事故，能反应性地引入，使事故不会发展到造成堆芯严重损坏的程度。

（3）有关的保护停堆信号。有关的保护停堆信号主要有高中子通量、高升功率速度、稳压器高压等。

二、验收准则

1. 美国核管理委员会制订的验收准则

（1）芯块储能的限制。不允许导致任一燃料棒的任何轴向位置芯块平均焓大于

1170kJ/kg。

美国核管理委员会（USNRC）做过研究，辐照过或未辐照过的锆包壳二氧化铀燃料，只要熔值小于1254kJ/kg，就不会发生显著破裂。所以，平均熔取保守值1170kJ/kg。

（2）任何阶段，一回路系统最高压力均要小于美国机械工程师协会（ASME）规定的"工作极限C"的压力，即120%设计压力。

（3）按保守假设，放射性后果限值为全身剂量60mSv，甲状腺剂量750mSv。

2. 西屋公司的验收准则

（1）芯块储能限制。热点平均熔：未辐照燃料为940.5kJ/kg，辐照过燃料为919.6kJ/kg。

根据爱达荷核能公司的研究，元件破坏的储能限值为1003.2～1074.3kJ/kg，辐照过的元件还要减10%，形成冲击波的限值新燃料为1254kJ/kg，辐照燃料为836kJ/kg。但即使辐照燃料熔值低于1254kJ/kg，也不会形成灾难性的冲击波。

（2）包壳温度低于1482℃（2700℉）。

（3）一回路压力低于110%设计压力。

（4）任一高度，燃料棒熔化份额不超过10%（熔化温度2590℃）。我国秦山核电厂及广东核电厂基本依据西屋公司的验收准则执行。

三、大亚湾核电厂弹棒事故分析结果

控制棒驱动机构密封套管的破裂会造成棒束控制组件从堆芯迅速弹出，弹棒事故不仅快速地加入反应性，使功率骤增，而且还会使堆芯功率分布恶化。在弹出棒附近区域，形成局部功率峰并使温度局部增加。此事故可能导致燃料芯块熔化，包壳烧毁及冷却剂系统压力增加超过限值。负多普勒反馈在事故过程中对功率峰有限制作用，最终保护系统动作终止瞬态。

体现弹棒事故严重程度的主要参数有包壳温度、芯块熔值、铀芯温度及一回路压力，而影响因素很多，主要有：

（1）弹棒价值（零功率时大）。

（2）缓发中子有效份额（寿期末大）。

（3）燃料温度反应性系数。

（4）慢化剂温度反应性系数。

（5）功率不均匀系数（零功率时大，寿期末大）。

（6）燃料棒间隙热阻（满功率时小，寿期初小）。

一般需分析寿期初（beginning of life，BOL）及寿期末（end of life，EOL）的零功率和满功率4种工况。通常可得寿期初零功率最为缓和，但不能通过定性分析确定哪一种初始工况为极限工况，需通过这4种工况的定量分析结果，才能找出极限工况。广东大亚湾核电厂、秦山核电厂弹棒事故四种工况的计算结果分别见表7-7和表7-8。

表7-7　　　　　　　　广东大亚湾核电厂弹棒事故四种工况的计算结果

燃料	零功率 BOL	满功率 BOL	零功率 EOL	满功率 EOL
初始功率	0%	102%	0%	102%
弹棒价值（PCM）	795	320	870	265
停堆棒价值（PCM）	2000	4000	2000	4000

续表

燃料	零功率 BOL	满功率 BOL	零功率 EOL	满功率 EOL
弹棒后 F_Q	16.2	5.9	19.3	6.0
最大平均熔/(kJ/kg)	485	640	619	594
最大包壳温度/℃	1076	1094	1327	988
最大芯块中心温度/℃	1839	2646	2228	2452

注 芯块熔化温度：BOL：2804℃；EOL：2700℃。

表 7-8　　　　　　　　秦山核电厂弹棒事故四种工况的计算结果

燃料	零功率 BOL	满功率 BOL	零功率 EOL	满功率 EOL
初始功率	0%	102%	0%	102%
最大平均熔/(kJ/kg)	238	514	502	539
最大包壳温度/℃	615	873	1168	912
最大芯块中心温度/℃	977	2236	1939	2302

上述计算分析使用的设计准则如下：

（1）热点的平均燃料熔小于 940kJ/kg。

（2）热点的平均包壳温度必须低于引起包壳脆化的温度（1482℃）。

（3）热点的燃料熔化的体积份额必须小于 10%。

（4）峰值反应堆冷却剂系统压力不能导致对冷却剂边界产生破坏的应力。

表 7-7、表 7-8 中分析了以下四种工况下的弹棒事故：寿期初 102%功率和零功率、寿期末 102%功率和零功率。分析时使用了保守的二维（稳态）/一维瞬态分析方法及较现实的三维瞬态分析方法。用前者确定最严重的弹棒工况（功率水平和燃耗），然后用后者证实在此情况下满足验收准则。

分析表明，最严重的弹棒事故发生在 28%额定功率、寿期末。在此情况下三维瞬态计算结果证实，热点处的平均燃料熔、热点的平均包壳温度都远远低于设计限值，无燃料熔化发生。28%功率下三维瞬态计算结果与验收准则的比较见表 7-9。

表 7-9　　　　　　28%功率下三维瞬态计算结果与验收准则的比较

功率水平	额定功率的 28%	验收准则
最大平均燃料熔/(kJ/kg)	398	936
最大包壳温度/℃	642	1482
芯块中心最高温度/℃	1502	2698
燃料融化体积	0	燃料体积的 10%

分析结果表明，寿期末零功率和满功率发生弹棒事故时，峰值压力都远远低于安全阀的定值 16.2MPa，满足弹棒事故的压力验收准则。

第七节　未停堆预期瞬变

未停堆预期瞬变（anticipated operational transient without scram，ATWS）是指发生

了预期运行瞬变（Ⅱ类工况），是电厂参数偏离运行工况而要求自动紧急停堆时，控制棒不能落下而完成停堆所造成的事故。

这些Ⅱ类工况一般是指二次系统导出热量减少事件，如失去正常给水（lost of normal feedwater，LOFW）、外负荷丧失、汽轮机保护停车、非应急交流电源丧失（lost of AC power，LOAP）、冷凝气真空丧失和控制棒误抽出。其中以失去正常给水（LOFW-ATWS）及非应急交流电源丧失（LOAP-ATWS）最有代表性。

ATWS最突出的特点是反应堆冷却剂系统升温升压，SG蒸干后尤其猛烈。如果系统设计不好，会造成不可容忍的一次系统超压。因此，ATWS事故可考验核电厂的稳压器释放阀及安全阀的容量、波动管的设置、第二停堆系统的性能，以及操纵员的动作。此外，USNRC及其他相关机构还要求核电厂具有ATWS缓解系统启动线路（ATWS mitigation system actuation circuitry，AMSAC）。此线路要求完全独立地触发两个功能，即辅助给水投入及汽轮机停车（可使SG内储存的水带走较多热量）。

ATWS的验收准则按Ⅳ类工况考虑，其中最重要的一条是一回路压力不超过120%设计值。ATWS是介乎设计基准事件与严重事故之间的瞬变，分析中一般采用现实假设，各项参数不加不确定性。

一、ATWS分析假设条件

（1）100%额定功率。

（2）主蒸汽隔离阀于10s后关阀（无旁通）。

（3）慢化剂温度系数取−1.72pcm/℃。这是一个很小的值，与一般取燃耗初期等于0相比较为现实，并考虑空泡反应性。

（4）Doppler温度反应性系数取−3.1pcm/℃。此为较正常的值，Doppler反馈阻止功率下降。

（5）稳压器释放阀（50t/h）及安全阀（80t/h），按设计能力考虑。

（6）主泵于欠热度小于9.3℃时，切断电源。

（7）停堆信号触发汽轮机停车。

（8）失去主给水后30s辅助给水投入（全流量）。

二、秦山ATWS事故分析

1. LOFW-ATWS

假设LOFW-ATWS发生的零时刻失去全部主给水。由于SG的下降段有水，其传热能力并没有立即恶化。约在事故发生29s后，蒸汽发生器低−低水位产生的停堆信号使汽轮机脱扣。由于汽轮机的停车和SG二次侧装量不断减少，SG的传热能力很快下降，使得堆芯产生的热量与SG导出的热量不匹配，主系统升温、升压，稳压器水位升高。约在32s时稳压器卸压阀（PSRV）开启并阻止主系统进一步升压。慢化剂的负反馈反应性使堆功率开始下降。同时，由于汽轮机的停车和假定蒸汽旁通系统不可用，SG二次侧压力很快升高，约33s时SG安全阀开启，约60s时达到最大值7.6MPa。60s时AFS投入，但其容量太小，SG二次侧装量继续减少。

SG二次侧基本烧干时，其传热能力已很低，主系统迅速升压。约在87s时，稳压器的安全阀开启，阻止主系统压力进一步上升。约在113s时稳压器失去汽空间。随着堆芯功率的进一步下降，主系统压力开始下降。当堆芯功率下降到比辅助给水容量还小时，冷却剂温度下降，使得反应堆重返临界，功率又开始升高，稳压器的卸压阀再次开启，冷却剂进一步丧失。当冷却剂装量下降到一定程度后，慢化剂的负反馈反应性可以有效地控制堆芯重返功率，反应堆再重返临界时不再会使冷却剂进一步丧失。此后，反应堆进入了相对稳定状态，功率维持在与 AFS 容量相当的水平。

在整个瞬态期间（3200s），稳压器的最大峰值压力仅为 17.26MPa，略低于设计压力 17.37MPa，约出现在 57s，最小 DNBR 为 1.84（COBRA - IV 计算结果），堆芯始终没有裸露。

有关因素对瞬态性状的影响如下：

（1）慢化剂反馈反应性系数的影响。在基准工况中，慢化剂反应性反馈系数没有做保守假定。如果慢化剂反馈反应性系数同国外类似分析计算的取值相当，即慢化剂温度反应性系数取 −16pcm/℃（此值相当于反应堆稳态运行时的慢化剂温度反应性系数），则主系统峰值压力将高达 20.60MPa，接近国外同类电厂的分析结果。这是由于此时慢化剂升温时所引入的负反应性较小，导致堆芯功率降低速度减慢。

（2）稳压器一个卸压阀卡死的影响。由于秦山核电厂慢化剂负反应性系数较大和稳压器安全阀的相对容量较大，稳压器卸压阀卡死对主系统的峰值压力没有显著影响，只是使安全阀开启稍提前。整个瞬态期间，稳压器的最高压力仅为 17.27MPa，这与国外类似分析结果相差较大。另外，由于在整个瞬态期间用于冷却剂加热的功率始终小于稳压器安全阀的排热容量。因此，即使稳压器的两个卸压阀都卡死不能开启，也不会显著影响主系统峰值压力。

（3）稳压器喷淋的影响。由于假定了主泵在失去过冷度后会失电惰转，因而稳压器喷淋只能影响瞬态初期主系统的压力变化。结果表明，稳压器喷淋只是延缓了卸压阀的开启时机（约 2s），而对主系统的峰值压力无明显影响。

（4）SG 二次侧水装量的影响。为了研究 SG 二次侧水装量对主系统峰值压力的影响，计算了 SG 二次侧初始装量为 56t 的工况。结果表明，SG 二次侧水装量的增加延长了 SG 蒸干的时间，从而使瞬态进程减慢了约 30s，但对主系统的峰值压力无显著影响。整个瞬态期间稳压器的最高压力约为 17.25MPa。

（5）汽轮机不能脱扣的影响。汽轮机不能脱扣将使 SG 二次侧水装量减少加快，传热恶化早。在 SG 传热恶化前，堆芯功率下降慢，而在恶化时，堆芯功率与 SG 的传热能力相差较大，因而主系统的峰值压力增大，但由于慢化剂反应性系数较大，而且稳压器的卸压阀和安全阀的相对排卸容量较大，最高压力也只有 17.45MPa。另外，由于汽轮机不能脱扣，SG 二次侧压力降得很低（约 1MPa），SG 传热管两侧的压差很大（可达 16.0MPa 以上），因而可能导致 SG 传热管破裂事故，使事故后果加重。

2. LOAP - ATWS

在堆内空泡不多的情况下，部分空泡塌陷后，可能出现第二峰值，这里第二峰值数值也相当大，反复的压力冲击显然是不利的。最后，空泡的存在会自动抑制功率，缓解事故。

LOAP - ATWS 以零时刻失去厂外交流电源为先导，相继发生主泵断电惰转、主给水丧失和汽轮机脱扣。随着主泵的断电惰转，堆芯流量很快下降，堆芯局部发生沸腾，少数燃料元件表面发生了 DNB。由于冷却剂流量减小使得蒸汽发生器的传热能力下降，主系统很快升温、升压。约在 6s 时稳压器卸压阀开启并阻止主系统压力进一步上升。

随着 SG 二次侧装量不断减少，其传热能力不断下降，当其二次侧基本蒸干时，主系统压力进一步升高，约在 210s 时稳压器安全阀开启，主系统压力不再继续升高。约在 260s 时稳压器失去汽空间。

在整个瞬态期间，主系统的最高压力为 17.25MPa，约出现在 210s；最小 DNBR 为 0.81，但发生 DNB 的燃料元件数量很少，而且时间较短。

3. 控制棒失控提升事故

控制棒失控提升事故（uncontrolled rod withdrawal accident，URWA）指的是在满功率运行状态下，一束价值为 0.47% 的控制棒在零时刻以 60 步/min 的速度失控提升。这个价值是反应堆寿期初满功率时控制棒处于调节带下限时的最大提棒价值。随着控制棒的失控提升，堆芯功率迅速增大，主系统温度、压力和稳压器水位也相应升高。约在 30s 时稳压器卸压阀开启，抑制住了主系统压力的进一步升高，32s 时产生了高功率停堆信号。由于慢化剂的负反应性反馈及燃料多普勒效应，堆芯功率在 35s 出现峰值后开始下降。随着主系统压力和温度升高，二回路的压力也升高，约 61s 时 SG 卸压阀开启。约 80s 时，SG 安全阀开启，SG 安全阀的开启使蒸汽发生器传热能力大大增强，从而使主系统的温度和压力下降。随着蒸汽发生器水位不断下降，蒸汽发生器的传热面积减小，传热能力下降，主系统的压力、温度又开始升高，堆芯功率进一步下降。当主系统装量损失到一定程度，堆芯功率与蒸汽发生器的传热能力相匹配时，反应堆达到相对稳定状态。在整个瞬态期间，由于堆芯功率一直较高，堆芯部位燃料元件在较长时间内发生 DNB，最小 DNBR 为 1.12；稳定功率约为额定功率的 112%，稳压器安全阀始终没有开启。

4. 一个稳压器卸压阀卡开 ATWS

假定在零时刻稳压器的一个卸压阀突然卡死在开启的位置，这相当于产生了汽腔小破口，主系统压力很快下降到冷却剂的饱和压力，这个压力触发了稳压器低压停堆信号，但尚不能触发安全注射系统投入。停堆信号使得汽轮机脱扣，继而使主给水泵停运，蒸汽发生器水位很快下降，传热能力很快降低，从而使主系统压力和温度又很快升高。约在 300s 时，另一个卸压阀开启，380s 时，稳压器的安全阀开启，并阻止了主系统压力进一步上升。慢化剂的负反应性反馈使堆芯功率很快下降，约在 400s 时稳压器的另一个卸压阀和安全阀相继关闭，但卡开的卸压阀使主系统的压力继续下降。约在 800s 时，安全注射系统投入，反应堆逐步转入最终次临界状态。安全注射系统投入后，主系统装量很快增加但压力下降比较缓慢，到计算结束时（约 1h）主系统压力仍为 7.5MPa，安全注射箱没能投入。

5. LOFW - ATWS 后失去全部给水的情况

秦山核电厂的辅助给水系统采用了两台电机泵和一台柴油机泵，电动机和柴油机的冷却都采用设备冷却水。和国外类似的电厂相比，秦山核电厂以一台柴油机泵取代了汽轮机驱动的辅助给水泵，设备冷却水的冗余度小，可能会降低辅助给水的可利用性。另外，秦山核电厂暂时没有 ATWS 缓解系统启动线路（AMSAC）。为了了解秦山核电厂应对多重失效的能力，有必要对该厂 LOFW - ATWS 后失去全部给水的事故情况进行分析。

假定零时刻发生 LOFW - ATWS，60s 时自动启动辅助给水未成功。结果表明，瞬态前期（前 200s）与单一 LOFW - ATWS 相似。200s 后，主系统已经饱和，主系统压力仅靠稳压器卸压阀开启已不能维持。约在 450s 时，稳压器的安全阀再次开启，直至 620s 时关闭。在此期间压力壳水位很快下降，约在 900s 时，堆芯已开始裸露，在 1060s 时，堆芯顶部急剧升温。到计算结束（1900s）时，堆芯尚未完全裸露，但堆芯上部燃料包壳温度已达到

1300℃。由以上分析可知，如果不做操纵员干预，堆芯很快就会全部裸露，发生高压熔堆，后果非常严重。

如果采用较保守的慢化剂温度系数（即在温度大于320℃时取定值），则堆芯在700s时就开始裸露，堆芯上部在750s时已开始急剧升温，到1300s时上部包壳温度就已达到1300℃。事故进程明显加快。

6. 失去主给水ATWS的处置措施

分析结果表明，对于秦山核电厂的ATWS事故，只要辅助给水能够正常启动，即使无操纵员干预，在几小时内不会对电厂产生很大的威胁，只要操纵员能启动上充泵，向主系统注入浓度为2400μg/g的硼溶液，反应堆很快就可以过渡到冷停堆状态。但如果辅助给水不能投入，且无操纵员干预，堆芯将在20min内裸露并继而烧毁。为了给操纵员提供干预依据，当LOFW-ATWS后AFS不能自动投入时，再研究操纵员手动启动辅助给水或安全注射系统的干预效果及时机。

在ATWS后失去全部给水的瞬态中，在SG蒸干后，堆芯产生的热全部由冷却剂的蒸发（饱和时）或升温（欠热时）排出，堆内冷却剂将不断减少。假定在某一时刻启动辅助给水，如果AFS容量足以带走堆芯所产生的热，就可以中止冷却剂进一步丧失，但不管辅助给水流量多大，主系统装量却不会再增加，因而要防止堆芯裸露，必须在堆芯裸露前启动AFS。对于秦山核电厂，在堆芯开始裸露时，堆芯功率已降至31MW，因而在堆芯刚开始裸露时进行干预。堆芯不裸露的最小辅助给水流量为14.0kg/s，秦山核电厂辅助给水的额定流量为25kg/s，完全可以满足要求。

根据600s（堆芯裸露前）和750s（堆芯开始裸露后）启动辅助给水的计算，在600s时启动辅助给水后，由于AFS容量大于此时的堆芯衰变热，因而主系统压力很快下降，稳压器卸压阀很快关闭，冷却剂不再继续减少，堆芯一直没有裸露。约在1000s时，主系统压力已降到12.3MPa，高压安全注射子系统自动投入，约在2500s，压力壳全部灌满水。

如果AFS在事故后750s投入，堆芯已开始裸露，堆芯上部燃料包壳温度也已开始上升。辅助给水投入后，主系统压力很快下降，稳压器卸压阀关闭。由于堆芯冷却剂早已饱和，随着主系统压力下降，堆芯产生大量蒸汽，稳压器中的水回流到堆芯阻止了包壳温度的进一步升高。约在1000s时，高压安全注射子系统投入，1200s时，安全注射水进入堆芯，堆芯水位很快上升，燃料包壳温度很快下降，最高包壳温度为487℃。

以上分析表明，如果在冷却剂丧失到一定程度后投入辅助给水，可以使安全注射系统自动投入，使反应堆自动过渡到安全的停堆工况，但辅助给水流量要足够大，且干预不能太晚。

另外，利用上充和稳压器卸压阀自动排汽的方法也可以冷却堆芯，不同的堆芯功率要求的安全注射流量不同。要使堆芯不裸露，必须在堆芯开始裸露前就开始干预，干预动作必须不晚于事故后650s。由于安全注射从启动到进入堆芯有很长时间的延迟（约200s），因而干预动作还要提前。

为了便于与启动AFS的效果进行比较，分别计算在事故后600s和750s时启动安全注射系统的工况。当安全注射系统在600s投入时，由于安全注射水进入堆芯约需200s，堆芯上部仍裸露并开始升温。安全注射水进射堆芯后，堆芯水位下降减缓，上部温度升高变慢。由于此时的安全注射流量仍不足以带走堆芯衰变热，堆芯水位不能回升，燃料温度继续升高，随着堆芯功率不断降低，安全注射容量越来越接近于堆芯功率，约在 1050s 时燃料温度开始下降，约在 3000s 时燃料最热点已被淹没，但直至计算结束（约 1h），堆芯仍未全部被淹没。整个瞬态期间，最高燃料包壳温度达 607℃。

750s 投入安全注射系统，由于此时堆芯已经裸露并开始升温，而且安全注射水不能立即进入堆芯。因此，安全注射系统投入后并没有立即控制住堆芯温度的升高。安全注射水进入堆芯后大量蒸发，大量的蒸汽流阻止了堆芯上部温度进一步上升，并开始下降，且堆芯水位不再继续下降。约 3200s 燃料元件热点才被淹没。主系统压力一直处在稳压器释放阀开启值附近。在整个瞬态期间平均棒最高燃料包壳温度为 956K，还没达到脆化温度，估计热棒已烧毁。

从上面分析可以看出，从安全注射系统投入到安全注射水进入堆芯约需 200s。因此，要使堆芯不裸露，安全注射系统必须在堆芯开始裸露前 200s 投入，即必须不晚于事故后 500s。

7. 结论与讨论

通过上述分析，得到如下主要结论：

（1）在 ATWS 瞬态中，影响主系统峰值压力的最主要因素是慢化剂的负反应性反馈系数，其次为稳压器 PSRV 和安全阀的泄压能力。

（2）同国外同类核电厂相比，秦山核电厂的慢化剂负反应性系数较大，而且稳压器卸压阀和安全阀的排放能力较大，因而峰值压力很低（略高于安全阀开启压力），远小于设计压力的 120%。就主系统压力边界的完整性而言，秦山核电厂具有很强的对付 ATWS 的能力。

（3）由于秦山核电厂的热管因子较大，在 LOAP - ATWS 和 URWD - ATWS 瞬态中有部分燃料元件表面发生了 DNB，但数量较少，后果可以接受。

（4）辅助给水对 ATWS 瞬态影响较大。对于秦山核电厂，如果发生 ATWS 后辅助给水不能投入，堆芯将在 20min 内开始裸露并继而烧毁，靠操纵员干预几乎可以说是来不及的。如果辅助给水能正常启动，即使无操纵员干预，反应堆也可以较长时间地处于相对稳定状态而不会危及堆芯的完整性。

（5）在辅助给水不能投入时，如果操纵员能在 10 min 内启动 AFS，则可以防止堆芯裸露；如果只采用安全注射系统进行干预，则安全注射系统必须在事故发生后 500s 内投入才能避免堆芯裸露。

第八节 严 重 事 故

一、严重事故定义及分类

根据国家核安全局 2016 年 10 月 26 日修订的《核动力厂设计安全规定》（HAF102），严重事故是指严重性超过设计基准事故并造成堆芯明显恶化的事故工况。同样，放射性物质直接释放到环境中并且对环境有明显影响的事故，或者由多个初因事件叠加而成的事故也属于严重事故。

现有核电厂基于纵深防御思想，设置了多道屏障及专设安全设施，采取了严格质量管理和操纵员选拔培训制度。同时，核电厂选址也有严格要求，因而核电厂抵御外来灾害和内部事变的能力很强。只有在连续发生多重故障，包括操纵员失误，使核电厂长期失去热阱，才会导致严重事故。对比于以考虑单一故障为特征的设计基准事故，严重事故又称为超设计基准事故。

严重事故的发生概率虽然低，但并非不可能。截至 1987 年底，世界商用核电厂已有 4600 堆年的运行历史，其间发生过两次严重事故（三哩岛事故和切尔诺贝利事故），发生概率约达 $10^{-5} \sim 10^{-4}$/堆年。从一些分析工作也可得出，有的核电厂发生严重事故的概率大于 10^{-4}/（堆·年），比各个核电发展国家希望达到 $10^{-6} \sim 10^{-5}$/（堆·年）的概率要大得多。这说明，单纯考虑设计基准事故，不考虑严重事故的防止和缓解，不足以确保工作人员、公众和环境的安全。因此，认真研究严重事故，采取对策来防止严重事故的发生和缓解严重事故的后果是十分必要的。

严重事故有 100 多种，可以简单地分为安全壳直接旁通类、堆芯熔化并可能导致安全壳失效类和安全壳超压失效类 3 类。

（1）安全壳直接旁通类。直接旁通类事故包括：①主蒸汽管道破裂＋多根蒸汽发生器传热管破裂；②蒸汽发生器传热管破裂＋安全阀卡在开启的位置；③蒸汽发生器传热管破裂＋失去辅助给水；④主冷却剂管道在冷段发生断裂＋安全壳隔离系统失效等事故。

（2）堆芯熔化并可能导致安全壳失效类。堆芯熔化并可能导致安全壳失效类事故主要包括全厂断电、大破口失水事故＋失去安全注射泵、失水未能紧急停堆的预计瞬态等事故。

（3）安全壳超压失效类。安全壳超压失效类事故是指主蒸汽管道断裂＋失去喷淋系统等事故。

二、严重事故的初因事件

研究分析发现，导致堆芯严重损坏的主要初因事件与核电厂的设计特征有十分密切的关系。但归纳起来，共同的主要初因事件大致如下：

（1）失水事故后失去应急堆芯冷却。

（2）失水事故后失去再循环。

（3）全厂断电后未能及时恢复供电。

（4）一回路系统与其他系统结合的失水事故。

（5）蒸汽发生器传热管破裂后减压失败。

（6）失去公用水或失去设备冷却水。

初因事件中如考虑外部事件，还应加上地震和火灾。初因事件分析表明，可能导致堆芯严重损坏的主要初因事件并不多，可进一步考虑设计改进措施或进行事故预防。

三、严重事故的物理过程

堆芯熔化导致大量放射性释放的过程可以分为高压熔化过程和低压熔化过程两类。

低压熔化过程以主系统冷却剂丧失为特征。若应急堆芯冷却系统失效，由于冷却剂不断丧失，造成元件裸露升温，锆包壳与水蒸气发生化学反应放出热量与氢气。堆芯水量进一步减少后，堆芯开始自上而下熔化，直至将压力容器下封头熔穿。熔融物随后与安全壳底板混凝土相互作用，释出 CO_2、CO、H_2 等不可凝气体，从而造成安全壳晚期超压失效或底板熔穿。

高压熔化过程一般以失去二次侧热阱为先导事件。主系统在失去热阱后升温升压，直至到达稳压器释放阀开启定值后，阀自动开启排汽，如二次侧不能恢复热阱，一次侧又失去强迫注水能力，则释放阀会持续启闭循环，使主冷却剂不断丧失，堆芯在较高压力下开始裸露，随后开始熔化。此后的过程有可能与低压熔化过程相似，但也有可能发生压力容器下封头熔穿等。由于主系统存在高压发生熔融物质喷射弥散，熔融的小颗粒与空气中的氧发生放热化学反应，又加上小颗粒与空气的接触面积大加强了传热，造成了直接安全壳加热，使安全壳超压失效。

压力容器熔穿之前，裂变产物从破损或熔融元件释出后，在主系统内会有迁移、沉降和再悬浮过程。主系统压力边界破损之后，裂变产物进入安全壳后又会经受类似的运输过程。这种输运过程十分复杂，与源项的确定有密切关系，有待仔细研究。分析表明，若安全壳能维持一段较长时间（三天以上）的完整性，大部分裂变产物因重力而沉降，释出的源项会大大降低。

安全壳作为最后一道放射性屏障，其功能至关重要。在各种安全壳失效模式中，特别重要的是事故发生前的意外开口、安全壳旁路和晚期失效。

四、严重事故的对策及缓解措施

国际上认为，现有核电厂的安全设计有很高的安全程度和保守程度，常常可以经受超设计基准事故，纵深防御的安全原则对于严重事故的早期预防和事故后果缓解也是有效的。但由于安全设计主要考虑设计基准事故，有可能在应付严重事故方面存在着某些薄弱环节，为此，需要对现有的核电厂应做出各类严重事故序列分析，以找出安全设计中的薄弱环节。解决的办法是硬件方面不做大的改动，而是努力完善运行规程以及与之配套的控制室布局调整，进一步强化操纵员的选拔与培训，尽量提高运行水平，从而达到预防严重事故发生的目的。这种对策已广泛为各国所接受，相应的研究重点包含安全参数显示系统的开发、紧急运行规程的编制与论证、控制室设计的人因工程考虑、操纵员培训大纲的改进、质量保证大纲的完善以及运行管理法规的强化等。

严重事故缓解措施或设备的主要功能是在现有条件下能够缓解严重事故的后果。此处以CPR1000核电站为例，采用的严重事故缓解措施或设备包括非能动氢气复合器、稳压器卸压功能延伸（预防高压熔堆）和安全壳卸压过滤排放系统。

（1）非能动氢气复合器。在CPR1000核电站，每个机组的安全壳内安装26台FR-90/1500型非能动氢气复合器。这些氢气复合器分别安装在蒸汽发生器隔间、稳压器隔间、主冷却剂泵隔间和稳压器卸压间等位置，把安全壳均匀氢气浓度控制在10%以内，以满足美国联邦法规10 CFR 50.34和10 CFR 50.44给出的验收准则要求。

（2）稳压器卸压功能延伸。稳压器卸压功能延伸是指利用稳压器的安全阀卸压。当反应堆的出口温度不小于650℃时，操纵员手动打开稳压器的安全阀卸压，在压力容器失效之前把反应堆冷却剂系统的压力降低到0.2MPa以下。采用稳压器卸压功能延伸（预防高压熔堆）的主要目的：①避免高压熔堆以后飞入安全壳内的堆熔物直接加热安全壳内的大气温度，使安全壳压力升高或者堆熔物点燃安全壳内的氢气，从而发生氢气快速燃烧或爆炸；②避免高压熔堆以后飞入安全壳内的堆熔物损坏安全壳内的相关系统、设备和监测系统。

（3）安全壳卸压过滤排放系统。安全壳卸压过滤排放系统的功能：当安全壳的压力超过设计压力时，以4kg/s的气体排放速率打开安全壳卸压排放系统，使安全壳压力低于设计压力，保证安全壳的完整性。

以上严重事故缓解措施只能缓解非直接旁通类严重事故，不能缓解直接旁通类严重事故。因此，在严重事故序列选取中，只考虑非直接旁通类严重事故。

五、严重事故研究的历史

开展严重事故研究最早的国家为美国，1975 年 WASH - 1400 报告首次将概率安全分析技术应用到核电厂，对几座典型美国核电厂做了全面分析，提供了以事件发生概率为依据的事故分类方法，并建立了安全壳失效模式和活性释出模式。WASH - 1400 首次指出，核电厂风险并非来自设计基准事故，而是堆芯熔化事故。

1979 年的美国三哩岛事故是一次严重事故，引起了世界核能界的震惊，这一事件无可置疑地肯定了 WASH - 1400 的地位和价值。从此以后，美国的严重事故研究进入了全面深入展开时期。作为三哩岛事故响应的"未解决的安全课题"和"三哩岛行动计划"及从 1983 年开始执行的严重事故的研究计划，将核安全研究范围拓宽到事故概率、物理过程、事故处置、安全壳分析、裂变产物与源项、燃料元件行为、人因工程、事故后果与对策、法规与标准等十分广泛的领域，形成了一系列管理法规修订和政策声明，并在对事故机理了解的基础上，形成了一系列配套的分析程序包。

三哩岛事故之后，很多国家相继开展严重事故的机理和处置研究，然而规模和开题广度均不及美国。其中法国特别着重于事故对策，并开发出 H 及 U 系列规程和配套的专用设备；德国的研究侧重于安全壳的完整性保障；日本、英国等则侧重于确保核电厂系统的运行可靠性。

1986 年 4 月苏联切尔诺贝利事故之后，严重事故研究工作进一步获得加速与推进。美国开始推行单个电厂评价计划，并就切尔诺贝利事故的影响开展新的研究课题。在国际原子能机构的主持下，各国专家总结肯定了几十年来核电工业界安全实践中行之有效的概念原则，针对严重事故提供了重要的预防和缓解策略。

世界各国仍以不同的重点和技术路线进行着严重事故研究。严重事故的重要性已为国际核能界所认识，且已成为核电安全中必须考虑的基本问题。严重事故研究的技术方法论已经确定，解决严重事故的条件已经基本具备。

六、日本福岛核事故

日本福岛核电站位于福岛工业区，是当时世界上最大的在役核电站，由福岛第一核电站、福岛第二核电站组成，共 10 台机组，均为沸水堆。2011 年 3 月 11 日，日本东北太平洋地区发生里氏 9.0 级地震，继而发生海啸，该地震导致福岛第一核电站、福岛第二核电站受到严重影响。

地震发生前，福岛第一核电厂 6 台机组的中 1、2、3 号相组处于功率运行状态，4、5、6 号机组在停堆检修。地震导致福岛第一核电厂所有的厂外供电丧失，三个正在运行的反应堆自动停堆，应急柴油发电机按设计自动启动并处于运转状态。地震引起的第一波海啸浪潮在地震发生后 46min 抵达福岛第一核电厂，海啸冲破了福岛第一核电厂的防御设施，这些防御设施的原始设计能够抵御浪高 5.7m 的海啸，但当天袭击电厂的最大浪潮达到约 14m。海啸浪潮深入电厂内部，造成除一台应急柴油发电机之外的其他应急柴油发电机电源丧失，核电厂的直流供电系统也由于受水淹而遭受严重损坏，仅存的一些蓄电池最终也由于充电接口损坏而导致电力耗尽。第一核电厂所有交直流电丧失。

由于丧失了把堆芯热量排到最终热阱的手段，福岛第一核电厂 1、2、3 号机组在堆芯余热的作用下迅速升温，锆金属包壳在高温下与水作用产生了大量氢气，随后引发了一系列爆炸：①2011 年 3 月 12 日 15：36，1 号机组燃料厂房发生氢气爆炸；②2011 年 3 月 14 日 11：01，3 号机组燃料厂房发生氢气爆炸；③2011 年 3 月 15 日 6：00，4 号机组燃料厂房发生氢气爆炸。

爆炸对电厂造成进一步破坏，使操作员面临的情况更加严峻和危险，现场的抢险救灾工作愈加困难。东京电力公司分别于 2011 年 3 月 12 日 20：20、3 月 13 日 13：12、3 月 14 日 16：34 陆续向 1、3、2 号机组堆芯注入海水，以阻止事态进一步恶化。3 月 25 日，福岛第一核电厂建立了淡水供应渠道，开始向所有反应堆和乏燃料水池注入淡水。该事故导致福岛第一核电厂的放射性物质泄漏到外部。2011 年 4 月 12 日，日本原子力安全保安院（Nuclear and Industrial Safety Agency，NISA）将福岛核事故等级定为核事故最高分级 7 级（特大事故），与切尔诺贝利核事故同级。

福岛核事故发生之后，日本当局迅速对周围 20km 内的居民进行了紧急撤离，但还有一部分人受到了核辐射，甚至远在 260km 外的东京也有人检测出了核物质残留。这次福岛核泄漏的影响范围甚至是广岛原子弹的一万倍。

福岛核事故以后国际组织和各主要核电国家高度关注，纷纷采取相应行动，着手制定应对类似事故的对策。

国际原子能机构（IAEA）在事故发生第一时间启动事故应急中心，密切关注事态发展。2011 年 5 月，IAEA 领导国际专家小组赴日本进行事件调查，并于当年 6 月编制了一份初步安全评价报告——《IAEA 国际事实调查专家组针对日本东部大地震和海啸应发的福岛第一核电厂核事故调查报告》，列出 15 个调查结论和 16 个经验教训。后期 IAEA 召开一系列会议针对福岛核事故的经验教训对核安全提出新的要求。

中国在福岛核事故发生以后立即采取措施，在事故初期时关注事故动态，并对环境放射性进行实时监测，稳定国内恐慌情绪。2011 年 3 月 16 日，国务院召开会议决定立即组织对我国核设施进行全面的安全检查，切实加强正在运行核设施的安全管理，全面审查在建核电厂，严格审批新上核电项目。2011 年 3 月—2011 年 8 月，核安全检查团对所有在运核电厂进行检查。在安全检查的同时借鉴日本福岛核事故的经验对我国核设施相关不足提出改进要求，并在生态环境部组织下编制了《福岛核事故后核电厂改进行动通用技术要求》。

思 考 题

1. 什么是能动部件？什么是非能动部件？
2. 什么是失流事故？发生失流事故的主要原因有哪些？
3. 为什么要分析失流事故？
4. 二回路导出热量减少事件的主要特征有哪些？
5. 主给水管道破裂事故是如何定义的？
6. 冷却剂丧失事故指的是什么？主要类型有哪些？
7. 蒸汽发生器传热管破裂事故的主要验收准则有哪些？
8. 主蒸汽管道破裂事故是如何定义的？
9. 防免及缓解弹棒事故的主要措施有哪些？
10. 什么是未停堆预期瞬变？主要在什么情况下容易发生？
11. 严重事故可以分成哪三类？
12. 引起严重的事故的初因事件有哪些？

第八章 核安全文化

第一节 核安全文化的背景及内涵

1. 核安全文化的背景

核安全文化是在下列背景下提出的：

（1）20世纪80年代，兴起了"企业文化"的管理思想。

（2）核工业界原来的管理思想仅侧重于从技术上确保核安全。

1979年3月28日，美国三哩岛核电站的2号机组发生了严重事故，即三哩岛核电站严重事故。经事故分析可知，操作人员的操作失误是引起这次核电站严重事故的主要原因。事故的起因是蒸汽发生器的给水泵跳闸，事故给水管线上的闸门由于维修人员的误操作而长期处于关闭状态，使蒸汽发生器的给水中断。事故出现后，由于信号显示不全，操作人员未能及时发现设备处于不正常状态，出现了多次人为误操作，使事态严重恶化，导致反应堆堆芯严重损坏。这是人类核电历史上第一次严重核事故，后果极为惨重。事故表明，操作人员的失误是引发这次核电严重事故的主要原因。为了防止和减少人为失误，核安全进入了以人因工程为主流方向的新阶段。人因工程是把技术因素与人的因素结合起来，共同保证核电站的安全。

1986年4月26日，发生了苏联切尔诺贝利核电站4号机组的严重事故，即切尔诺贝利核电站严重事故。此次事故距三哩岛核电站严重事故仅几年。经事故分析可知，人的多次违章操作是引起这次事故的主要原因。事故的主要和直接的原因是操作人员的过失和失误，事故过程发生了多次的人为违章。

人的操作失误和违章操作统称为人因错误。大量实践统计表明，核电站50%以上的安全重大事件和事故由人因错误造成。核工业界针对两次核电站严重事故以及统计数据进行了深刻反思和总结，提出了仅从技术上确保核安全是不够的，还必须从防止和减少人因错误来确保核安全，因而提出了要提高有关单位及其人员的核安全文化意识来防止和减少人因错误。这是关于确保核安全的新的理念和新的举措。

（3）根据上述（1）、（2）的管理思想，IAEA对安全管理进一步重视并形成了新的安全管理理念，即核安全文化，并把它作为一项基本管理原则。核安全文化被强调为基本的管理原则，并于1986年首次提出了"核安全文化"；1991年，IAEA的国际核安全咨询组（IN-SAG）又出版了安全文化丛书《安全文化》（SAFETY SERIES No.75-INSAG-4），专门论述了安全文化这一管理思想的完整概念，以"人机（技术）结合，以人为本"的理念出发，从技术因素和人的因素两者结合，共同确保核安全。

2. 核安全文化的内涵

IAEA对核安全文化的原定义：存在于单位和个人中（对核安全）的种种特性和态度的总和。此后又将核安全文化扩大到辐射防护（防止人体受到放射性辐照）方面，其定义变为组织机构和人员（对核安全和辐射防护）的种种特性和态度的总和。之后又对核安全文化的实质做了更进一步的解释，即核安全文化是（对核安全的）价值观、标准、道德和可接受行为的规范的统一体。

归纳以上描述，可将核安全文化总结为由于决策层（包括政府及其监管部门和行业主管部门）、管理层［包括核设施的营运单位（核电公司及其核电厂）和参建单位的经理层］及其每个人对核安全的意识、态度和行为（工作中核安全要求的遵守情况）对保证核安全很重要。这些单位及其每个人在思考问题和工作中要自觉以"安全第一"为出发点。核安全文化就是这些决策层、管理层［特别是营运单位（核电公司及其核电厂）］及其每个人对核安全价值观、标准、道德和可接受的行为规范的意识（要想到）、态度（要重视）和行为（在工作中自觉遵守这些要求）的总体现。

核安全文化内涵包括下列三个方面：

（1）既针对单位本身，又针对这些单位中的每个人，其中单位起主导作用。这些单位包括决策层（包括政府及其监管部门和行业主管部门）、管理层［包括核设施营运单位（核电公司及其核电厂）和参建单位的经理层］。

针对单位，则涉及单位的体制、核安全政策和工作作风等。针对这些单位中的每个人，则涉及其在工作中对核安全的思维习惯——意识（要想到）、态度（要重视）和行为（在工作中要自觉遵守要求）。只有单位领导对核安全文化深度重视，深刻认识核安全文化的内涵、实质和特点，主动积极教育、要求和带领员工采取具体措施实施，才能搞好本单位的核安全文化，使"安全第一、质量第一"深入人心，核安全效果不断提高。

（2）存在于单位和个人中的种种特性和态度的总和。指对核安全的价值观、标准、道德和可接受行为规范有良好的意识（想到）、态度（重视），并在行为上严格遵守。

（3）不同层次（决策层、管理层）的每个人除了遵守法规、程序外，还必须树立"安全第一、质量第一"的观念和责任感，按照核安全文化的规范做好相关工作。

第二节 核安全文化的特征及实现

1. 核安全文化的特征

（1）安全第一的思想。安全文化指的是从事核安全相关活动的全体工作人员为核安全的献身精神和责任心，即安全第一的思想。

（2）主动精神。要求工作人员具有高度的警惕性、丰富的知识、准确无误的判断力和强烈的责任感，并及时提出见解，正确地履行所有安全重要职责。

（3）有形导出。核安全文化中的价值观、标准、道德、意识、态度等是无形的，但会在各种行为（工作中自觉遵守核安全要求）上表现出来。

2. 核安全文化的具体体现

核安全文化是核领域的行业文化，IAEA 制定了对决策层、不同管理层和人员应当达到的核安全文化指标，共有 143 项，供作自我评价或他人评价核安全文化的具体指标（详见 IAEA 出版的《安全文化自我评价及安全文化评审团评审指南》）。

单位和个人的核安全文化听起来是抽象的，但实际上在每项决策、管理和工作（例如一种物项的采购中是否按照质保要求采购）中都会具体体现出来。可以根据每项决策、管理和工作中的实际表现，并按照这些评价指标评价核安全文化的优劣。核安全文化评价的指标示例列举如下：

（1）对决策层（政府及其监管部门和行业主管部门），可按照以下指标进行评价：

1）制定的核安全政策。

2）监管方针。

3）管理体制。

4）具体采取的监管力度。

5）拥有的人力、资金和权力。

6）制定的相关法规的齐全情况和要求的严格程度等。

（2）对管理层之一［营运单位（核电公司及其核电厂）］，可按照以下指标进行评价：

1）制定的核安全政策和核安全要求如何（严格性和全面性）。

2）对核安全的承诺和态度，是把核安全视为监管部门和行业主管部门法规中的要求而必须遵守，还是仅仅视为支持其安全运行的基础必须遵守。

3）把确保核安全放在最重要的地位考虑，还是可低于工程进度、经济效益或生产任务之下考虑。

4）建立的管理体制和责任分工明确与否。

5）有无主管核安全的经理和部门，一把手直接抓否。

6）对监管部门和行业主管部门的态度和报告制度的执行。例如，对设备缺陷、运行事件和事故的报告制度的执行，是及时如实地向监管部门和行业主管部门报告，还是隐瞒不报；是积极采取措施解决，还是拖拉、得过且过。

7）核安全所需资源配套如何。

8）向员工宣传、培训如何。

（3）对管理层之二［参建单位（设计、制造、建造、研究单位）］。这些单位的核安全文化主要内容是为达到预期的质量而制定政策和实施情况，从而满足营运单位的安全目标。其评价指标列举如下：

1）对核安全的承诺和态度——安全第一、质量第一。

2）是把核安全视为监管部门和行业主管部门法规中的要求而必须遵守，还是仅仅视为其确保达到预期的质量的基础必须遵守。

3）把确保质量从而确保核安全放在最重要的地位考虑，还是可低于工程进度、经济效益或生产任务之下考虑。

4）对核安全的要求和采取的措施。

5）对员工的宣传和培训如何。

6）对质保的态度如何。

7）经理对违反核安全事项的态度如何。

8）各部门、人员职责分工明确与否。

9）一旦出现对产品质量有影响的问题时如何对待。

（4）对工作人员，可按照以下指标进行评价：

1）是否了解自己的工作任务、责任，并与核安全作为整体考虑。

2）对制定的文件是否熟悉并切实执行。

3）出现问题时是否停下来思考，必要时请求帮助，不图省事。

4）对出现的问题是否及时报告，是吸取教训纠正，还是隐瞒。

5）对记录的完整性和准确性的重视程度和执行情况。

6）对看到的影响核安全的行为是报告还是不管。

7）对规章制度的态度，认为其是苛刻要求因而不很好遵守，还是认为其是保证安全运行的措施而严格遵守等。

3. 核安全文化的实现过程

核安全文化的实现有逐步深入的三个发展阶段，即在核安全的认识程度（意识）、对待态度、接受程度和具体行为（工作）实施方面从"开始的被动接受"到"单位自身要求达到"，再到"人人主动加以完善"。因此核安全文化的实现是一个逐步提高的实现过程。

"开始的被动接受"阶段时，只认为核安全是来自政府监管部门、行政主管部门在法规中的规定和要求，在管理压力下，为单位生存和发展必须接受。

"单位自身要求达到"阶段时，单位不必依靠外部监管的要求和压力，主动地把核安全作为重要的要求去实现，但只限于在法规中的规定和所要求的方面去做，而没有注意员工在工作中实现核安全的行为情况。这种情况下，人的积极性和主观能动性未得到很好发挥，核安全效果不会进一步发展。

"人人主动加以完善"阶段时，单位充分认识到员工实现核安全行为对保证核安全的重要性。因而除按照法规中规定和要求的方面去做外，还注意抓员工在工作中实现核安全的行为情况，并且不断采取措施，主动改进人的行为，定期用核安全文化的具体指标评价自身对核安全的意识、态度和行为（工作）实施情况，不断提高核安全绩效。

第三节　识别核安全文化弱化征兆的方法

单位的安全文化从开始弱化到由此引起安全事件或事故造成严重后果之间存在一个时间延迟。如果在这期间能够及时识别单位的安全文化开始弱化，即时采取有效的补救措施，就有足够的时间来避免发生有害后果。

确定单位安全文化弱化的征兆包括组织问题、管理问题、雇员问题和技术问题 4 个方面。若这些问题表明单位安全文化开始弱化，如不采取积极有效措施，势必引起单位安全文化的恶化。

1. 组织问题

单位安全文化弱化的征兆在组织问题上的表现集中在以下几个方面：

（1）解决问题不恰当。表现：反复地出现问题、纠正措施被大量地积压，或没有针对发生问题的根本原因去制定纠正、预防措施等。

（2）管理者止步不前。表现：管理者们开始相信他们的安全管理是令人满意的，并因此自满，内部改革和进步停止。

（3）管理者不向外界交流和学习经验。表现：管理者们拒绝交流，设置种种障碍，规定种种限制，不愿和别人分享自己的经验，也不利用别人的经验来改善自己的安全状况。

2. 管理问题

（1）纠正行为不力。表现：安全有关的纠正措施被大量地积压，纠正措施不能保证及时被实施。

（2）解决难题的模式不佳。表现：不采用正确解决难题的模式，即通过汇集从各种来源得到的信息，并按照预定的种类加以分类并进行分析。遇到难题时不能高效地解决，也不能通过收集的事件吸取教训，防止同类问题再发生。

（3）程序不完善。

（4）分析和改正问题的质量差。表现：方法不对，对问题进行了不恰当的鉴定，缺乏知识和资源，或受时间限制，可能导致不适当的改正行为。针对此种情况，必须强调根本原因的分析，只有分析正确才可保证找到根本原因，从而采取正确的改正行为。

（5）独立安全审评不足或失效。

（6）安全配置不符合要求。表现：单位的安全配置和状态与其安全状况不相一致。

（7）违章。表现：有管理违章的问题。

（8）反复申请不执行某些管理规定。表现：单位中反复提出申请不执行现有的某些管理要求，特别是在有计划停堆后重新启动之前可能提出这种申请。任何时候，安全的要求都是要优先于生产的要求。

3. 雇员问题

单位安全文化弱化的征兆在雇员问题上的表现集中在以下几个方面：

（1）过长的工作时间。疲劳是人的能力下降的重要原因，要保证人们在合理的时间内，不感到压力过大地完成分配给他们的任务，即不能带来降低安全性和其他不期望的后果。

（2）未受过适当培训的人员上岗工作。营运单位的管理者始终要对培训问题给予应有的重视。

（3）未使用适合的、有资格的和有经验的人员上岗工作。所有核设施必须由适合的、有资格的和有经验的人员来运行。做好选人和培训工作，就能达到这方面的要求，若出现失误也是单位安全文化弱化的征兆。

（4）对工作的理解差。有些人不能通过书面或口头描述来很好地理解对他们工作的要求、本人的职责和义务，这是单位安全文化弱化的征兆。

（5）对承包人的管理差。承包人可能存在欠缺或弱点，如果核设施营运单位对承包人管理不好，会带来安全上的不良后果。一方面可能降低工程的标准，另一方面其安全行为会引起不良的效果。

4. 技术问题

企业的技术状况是安全文化的直接反映。企业技术状况与安全文化不相称的表现很多，如技术方面的记录和存档材料贫乏或缺乏管理，设备维修不及时，对安全事件的收集、监督和处理不当，自我检查和自我评价体制不健全等。

综上所述，找出单位安全文化弱化的征兆，通过营运单位的自我检查和或监管部门的检查，确切地识别出弱化征兆，早期识别就能早期诊断并采取有效的补救措施，营运单位果断地采取有效的纠正行为，使安全文化弱化的趋势得到控制，并向安全文化强化的方向发展，从而提高单位安全水平。

第四节　核安全文化的评价及培育方法

一、核安全文化评价方法

安全文化的评价可有三种方式，即单位自我评价、IAEA安全文化评价组评价和二者结合的评价。不管哪种评价,都按照 IAEA 1996 年发布和实施的《单位核安全文化自我评价和国际原子能机构核安全文化评价组审评导则》的规定内容进行,称为 ASCOT 评价方法或 ASCOT 导则。ASCOT 导则严格地以 IAEA 的安全丛书《安全文化》(SAFETY SERIES No. 75 - INSAG - 4)为依据。ASCOT 评价方法包括以下内容。

1. 全厂巡视和文件检查

安全文化评价组对安全文化的评价是从最初的全厂巡视和文件检查的安排开始的。

2. 个别访谈

按照 ASCOT 导则列出的关于安全文化的指标和各项提问,安排提问内容。安全文化评价组把讨论和谈话的注意力集中在对集体和个人的态度及与安全文化相关的问题上。

3. 评价

评价是对安全文化的抽象概念所导出的具体行为表现进行评价。评价的基础是收集到的在以《安全文化》(SAFETY SERIES No. 75 - INSAG - 4)和 ASCOT 导则为依据列出的与安全文化特征相关的信息。

对安全文化的评价还要注意另一个安全文化的重要表征,即对致力于改进的愿望的评价。

4. 评价报告

在审评结束后,安全文化评价组应给出一份简明扼要的评价报告。

二、核安全文化培育方法

培育安全文化的方法包括进行预测性风险分析、将错误作为学习的机会、对事件进行深入分析、提高学习的能力、采用适宜的安全文化的监管方式、提高雇员对安全文化的贡献、要求承包商积极参加、加强安全问题与公众的联系、加强自身安全能力评价、进行综合安全评价、制定安全绩效指标并确保其实现。

培育安全文化的步骤:制定安全文化导则,进行安全审评培训,提高经理们对安全文化的了解,使每一个员工都成为促进安全的积极因素;不断地向国内外其他组织学习,并制定相应的制度来保证不断提高核设施安全水平。

重视并加强核安全文化建设,就会带来丰硕的核安全的有形成果;忽视核安全文化建设,就必然带来不良的严重后果。

思 考 题

1. 什么是核安全文化? 研究核安全文化意义何在?
2. 核安全文化具有哪些特性?
3. 安全文化构成内容有哪些?

附录 A 核电站相关系统及名词缩略表

缩写	英文全称	中文全称
ABV	nuclear auxiliary building ventilation	核辅助厂房通风系统
ABWR	advanced boiling water reactor	先进沸水堆
AFS	auxiliary feedwater system	辅助给水系统
ALWR	advanced light water reactor	先进轻水堆
APWR	advanced pressurized water reactor	先进压水堆
ASD	auxiliary steam distribution system	辅助蒸汽分配系统
ATWS	anticipated operational transient without scram	未停堆预期瞬变
BOL	beginning of lifetime	反应堆寿命初期
BOP	balance of Plant	核电站外围设施
BRS	boron recycle system	硼回收系统
CAM	containment atmosphere monitoring	安全壳内大气监测系统
CCW	component coolingwater system	设备冷却水系统
CDWD	conventional island demineralized water distribution system	常规岛除盐水分配系统
CEX	condensate extraction	凝结水抽取系统
CHF	critical heat flux	临界热流量
CIA	containment isolation of A	安全壳阶段 A 隔离
CIB	containment isolation of B	安全壳阶段 B 隔离
CIS	containment isolation system	安全壳隔离系统
CSS	containment spray system	安全壳喷淋系统
CVS	chemical and volume control system	化学和容积控制系统
DNB	departure from nucleate boiling	偏离泡核沸腾
DNBR	departure from nucleate boiling ratio	偏离泡核沸腾比
ECCS	emergency core cooling system	堆心紧急冷却系统
EOL	end of life	寿期末
EPR	european pressurised reactor	改进型压水堆
FFC	feedwater flow control	给水流量控制系统
FFC	feedwater flow control	给水流量控制系统
FWD	fire fighting water distribution	消防水分配系统
GWT	gaseous waster treatment system	废气处理系统
HPD	hydrogen production and distribution system	氢气生产与分配系统
LBLOCA	large break loss of coolant accident	大破口失水事故
LOAP	lost of AC power	非应急交流电源丧失
LOCA	loss of coolant accident	失水事故

续表

缩写	英文全称	中文全称
LOFA	loss of flow accident	失流事故
LOFW	lost of normal feedwater	失去正常给水
LPSI	low pressure safety injection system	低压安全注射系统
LWT	liquid waste treatment system	废液处理系统
MFLB	main feedwater line break accident	主给水管道破裂事故
MSLB	main steam line break accident	主蒸汽管道破裂事故
MSRV	main steam relief valve	主蒸汽释放阀
MSS	main steam system	主蒸汽系统
NDS	nucear island nitrogen distribution system	核岛氮气分配系统
NDWD	nuclear island demineralized water distribution system	核岛除盐水分配系统
NSS	nuclear sampling system	核取样系统
PCT	peak cladding temperature	包壳峰值温度
PRA	probabilistic risk assessment	概率风险评价
PSA	probabilistic safety analysis	概率安全分析
PSRV	pressurizer safety relief valve	稳压器释放阀
PWR	pressurized water reactor	压水堆
RBM	reactor boron and water makeup system	反应堆硼和水补给系统
RCS	reactor coolant system	反应堆冷却剂系统
RHRS	residual heat removal system	余热排出系统
RPS	reactor protectionsystem	反应堆保护系统
RWST	refueling water storage tank	换料水箱
SBLOCA	small break loss of coolant accident	小破口失水事故
SFPC	spent fuel pool cooling system	乏燃料水池冷却和处理系统
SGTR	steam generator tube rupture accident	蒸汽发生器传热管破裂事故
SIS	safely injection system	安全注射系统
SPDS	safety parameter display system	安全参数显示系统
SSS	station sewer system	电站污水系统
STS	steam transformer system	蒸汽换热器系统
SWT	solid waste treatment system	固体废物处理系统
URWA	uncontrolled rod withdrawal accident	控制棒失控提升事故
VDS	nuclear inland vent and drain system	核岛排气和疏水系统

附录 B　核电相关管理机构及集团名称缩略词表

缩写	英文全称	中文全称
国际核电相关机构		
CNRA	Committee on Nuclear Regulatory Activities	核监管活动委员会
CRPPH	Committee on Radiation Protection on Public Health	辐射防护和公众健康委员会
CSNI	Committee on the Safety of Nuclear Installations	核设施安全委员会
IAEA	International Atomic Energy Agency	国际原子能机构
ICRP	The International Commission on Radiological Protection	国际辐照防护委员会
INSAG	International Nuclear Safety Advisory Group	国际原子能机构的国际核安全咨询组
NDC	Committee for Technical and Economic Studies on Nuclear Energy Development and the Fuel Cycle	核能发展与核燃料循环技术经济研究委员会
NLC	Nuclear Law Committee	核法律委员会
NSC	Nuclear Science Committee	核科学委员会
OECD/NEA	Organization for Economic Cooperation and Development/ Nuclear Energy Agency	国际经济合作与发展组织/核能机构
RWMC	Radioactive Waste Management Committee	放射性废物管理委员会
WANO	World Association of Nuclear Operators	世界核电运营者协会
中国核电相关机构及集团		
CAEA	China Atomic Energy Authority	国家原子能机构
CNNC	China National Nuclear Corporation	中国核工业集团公司
CGN	China General Nuclear Power Group	中国广核集团有限公司
SPIC	State Power Investment Corporation Limited	国家电力投资集团有限公司

参 考 文 献

［1］马加群，李日. 核电站安全文化［M］. 浙江：浙江大学出版社，2018.

［2］环境保护部（国家核安全局）. 核安全与放射性污染防治"十二五"规划及 2020 年远景目标［M］. 北京：科学出版社，2013.

［3］朱继洲. 核电厂安全［M］. 北京：中国电力出版社，2010.

［4］刘定平. 核电厂安全与管理［M］. 广州：华南理工大学出版社，2013.

［5］匡志海. 核电厂安全文化［M］. 北京：原子能出版社，2010.

［6］张家倍. 核电厂抗震安全评估［M］. 上海：上海科学技术出版社，2013.

［7］郑北新. 核电厂管理巡视导则［M］. 北京：化学工业出版社，2014.

［8］邓纯锐，张明，张航. 概率安全评价在核电厂安全设计中的应用研究［J］. 核安全，2020，19（2）：72 - 77.

［9］Liu R F，Chen C K，Yang P Y. Safety aspects of spent fuel management in nuclear power plants during transition to decommissioning［J］. Annals of Nuclear Energy，2020，144：107469.

［10］Kumar P，Singh L K，Kumar C. Performance evaluation of safety - critical systems of nuclear power plant systems［J］. Nuclear Engineering and Technology，2020，52（3）.

［11］贾斌，乔雪冬，高新力，等. 基于 TRACE/FLICA Ⅲ - F 程序的国产先进压水堆全失流事故分析研究［J］. 核科学与工程，2017，37（2）：182 - 188.

［12］冯进军，胡威，周克峰，等. 用 PARCS/TRACE/ROBIN 程序系统研究秦山二期弹棒事故［J］. 核科学与工程，2015，35（1）：148 - 156.

［13］黄树亮，冯进军，陈巧艳，等. AP1000 全失流事故 DNBR 计算分析［J］. 核动力工程，2015，36（2）：33 - 36.

［14］侯景景，王世庆，蔡云，等. 基于 MCNP - ORIGEN2 耦合程序的小型行波堆堆芯概念设计［J］. 核技术，2015，38（8）：89 - 94.

［15］陈升，韩智杰，季松涛，等. 轻水堆含钆燃料棒稳态辐照行为分析［J］. 原子能科学技术，2016，50（10）：1840 - 1845.

［16］邹树梁. 核电厂安全评价与分析［M］. 北京：原子能出版社，2016.

［17］李世锐，任丽霞，胡文军，等. CONTAIN - LMR 程序中池式钠火事故分析计算模型的验证［J］. 核科学与工程，2016，36（1）：42 - 47.

［18］郭峰，徐晓强，刘金鑫. 核电厂严重事故分析程序浅析［J］. 科技信息，2011，18：450.

［19］王中堂，柴国旱. 日本福岛核事故［M］. 北京：中国原子能出版社，2014.

［20］李国壮. 浅析 AP1000 非能动安全系统技术特点［J］. 科技与创新，2018，14：95 - 96.

［21］王晨香. 构建先进核工业体系 剑指核强国——专访国防科工局副局长王毅韧——牢记强国使命 构建先进核工业体系［J］. 国防科技工业，2018（6）：5 - 10.

［22］骆邦其，林继铭. CPR1000 核电站严重事故重要缓解措施与严重事故序列［J］. 核动力工程，2010，31（S1）：1 - 3＋7.